LES ACTUALITÉS CHIMIQUES & BIOLOGIQUES

N° 5

LE

VIEILLISSEMENT ARTIFICIEL

DES VINS ET SPIRITUEUX

LES ACTUALITÉS CHIMIQUES & BIOLOGIQUES

Publiées sous la direction de M. le Professeur POZZI-ESCOT

Nº 5

LE
VIEILLISSEMENT ARTIFICIEL
DES
VINS & SPIRITUEUX

PAR

Frantz MALVEZIN

Œnotechnicien
Directeur de l'*Œnophile*
et de l'Usine Œnophile du Colombier, à Caudéran

Avec 16 figures intercalées dans le texte.

PARIS

LIBRAIRIE MÉDICALE ET SCIENTIFIQUE

JULES ROUSSET

1, Rue Casimir-Delavigne et 12, Rue Monsieur-le-Prince

1906

PRÉFACE

Au premier *Congrès International Technique et Chimique de Sucrerie et de Distillerie*, tenu à Liège en juillet 1905, à l'occasion de l'Exposition Internationale de cette ville, je m'exprimais comme suit dans une communication que je fis sur le « Vieillissement artificiel des vins et des spiritueux » :

« Cette question du vieillissement artificiel des vins et des spiritueux présente, au double point de vue scientifique et économique, une importance sur laquelle on est loin généralement d'être fixé avec certitude.

« Il faut avoir partagé les angoisses des maîtres de chais des grands vignobles pour se faire une juste idée de l'importance exceptionnelle que représente dans l'industrie vinicole et des spiritueux, le vieillissement artificiel de ces produits. Il faut connaître dans ses moindres détails les méticuleuses manipulations grâce auxquelles le véritable maître de chais sait développer le bouquet du vin de race, de ce vin dont le poète a pu dire :

> On sent je ne sais quoi se glisser dans le cœur
> En flairant seulement sa divine liqueur.

Ce n'est pas aux distillateurs qui m'écoutent que j'apprendrai ce qui distingue cette ambroisie sans rivale qui constitue les cognacs ou les armagnacs de nos alcools industriels. Ce qui fait le cachet des premiers est justement ce qui constitue l'impureté et la défectuosité des seconds. Les fines-champagnes de Cognac renferment une dose d'aldéhydes telle qu'on ne pourrait les écouler comme alcool et qui ferait même considérer comme défectueux un alcool industriel qui en renfermerait parfois le dixième. Je ne parle pas des rhums, car ceux-ci sont si souvent frelatés par des sauces immondes qu'ils font honte à l'industrie des spiritueux.

« M'étant très vivement occupé de ces questions depuis quelques années, ayant moi-même fait expérimenter divers procédés de vieillissement artificiel et ayant suivi de très près les essais entrepris dans cette voie par M. Frantz Malvezin, qui a fondé dans la Gironde, à Caudéran, près de Bordeaux, un magnifique établissement pour la pasteurisation et le vieillissement artificiel des vins, j'ai cru vous intéresser et peut-

être aussi susciter quelques nouvelles recherches, en vous entretenant de ce sujet. »

J'ai cru aussi intéresser les lecteurs de notre
collection en demandant à M. Malvezin de rédiger
à leur intention un résumé de la question. Sor-
tant des voies jusqu'ici suivies dans les autres
volumes, nous abordons de front l'application
industrielle de principes scientifiques. M. Malvezin, avec sa clarté habituelle, a d'abord indiqué
les bases scientifiques des différents processus du
vieillissement naturel, et nous a ensuite sobrement
décrit les procédés de l'art qui tendent à imiter
la nature.

Il y a là une question à la fois scientifique et
pratique, et je ne doute pas que ce petit volume
ne trouve auprès de nos lecteurs un chaleureux
accueil.

Pour bien montrer toute l'importance économique de cette question, il me suffira d'indiquer
quelles plus-values peuvent acquérir un vin ou
une eau-de-vie du simple fait du vieillissement
s'ils sont de crû véritable et s'ils sont soignés
avec tout l'art nécessaire. On a vu des tonneaux
de vin de *Château-Yquem*, valant au sortir de
la cuve de fermentation mille francs au plus, se
vendre vieux de dix ans à peine, plus de vingt
mille francs ; des bouteilles de *Château-Lafite*
dépasser trois cents francs, enfin, actuellement les
Château-Haut-Bailly, dans la Gironde, vieux de

1.

vingt-cinq ans, se vendent cinquante francs la bouteille.

Mais il ne faudrait pas croire que dans le vieillissement naturel les bénéfices soient en rapport direct avec cette énorme plus-value. Hélas ! il n'en est rien. Chacun a entendu parler de cette délicatesse, de cette fragilité de la molécule des vins. Ce n'est pas sans énormes aléas, sans pertes cruelles que l'on conduit ce divin liquide à la vieillesse en lui évitant une décrépitude prématurée. Il lui faut, plus sa valeur est grande, plus il est de crû véritable, des soins assidus et constants et souvent, néanmoins, il tombe sous le coup d'un des mille ennemis qui le guettent à l'aurore de chaque saison nouvelle, et dès qu'il est sorti de la cuve de fermentation.

Avant même souvent que le raisin de la vigne n'ait atteint sa maturité complète, le vin, produit de la fermentation alcoolique future de ce fruit, est originellement taré, profondément atteint par la présence de diastases oxydantes ou par celle non moins grave de microorganismes divers. Il faut ajouter à ces imprévus auxquels tant de fortunes vinicoles doivent leur décadence et leur ruine complète, les frais énormes qu'entraînent durant de longues années les soins que nécessitent le vieillissement naturel, et qu'on évalue sans exagération, dans le Bordelais, à 350 francs par tonneau en trois ans. Ce simple aperçu montre bien quelle colossale amélioration, quel bouleversement complet apporterait dans l'industrie vinicole un procédé de vieillissement artificiel parfait. Il faut ajouter que, généralement, ce traitement est suivi d'une pasteurisation qui supprime bien des causes de trouble dans la conservation, et l'on comprend sans peine tout l'attrait de cette question.

Quant aux alcools proprement dits, les cognacs jeunes qui valent en moyenne deux cent cinquante francs l'hectolitre, se vendent vieux facilement deux ou trois mille francs et leur vieillissement n'est soumis à aucun aléa ni à d'autres pertes qu'une évaporation de 25 p. 100 en dix à quinze ans. On voit combien on est loin des quelques trente ou quarante francs auxquels se montent à peine les alcools industriels.

Cela suffit à mettre en évidence combien cette question du vieillissement présente d'intérêt au point de vue économique et quel bouleversement viendrait apporter dans les habitudes séculaires, et dans la géographie économique, de quelques régions, un procédé de vieillissement artificiel parfait.

Nous assistons périodiquement à de semblables révolutions économiques dans l'industrie chimique : l'alizarine artificielle a ruiné autrefois la Provence productrice de garance ; de nos jours, l'indigo synthétique menace d'affamer l'Indoustan.

Heureusement, dois-je le dire ? malgré les essais fort intéressants dont M. MALVEZIN nous entretient ici, la science n'a pas encore su vaincre la nature sur ce point spécial, et les vieux vins de France, les vieux cognacs et les vieux armagnacs, dont la renommée s'étend sur le monde entier, n'ont pas à craindre encore d'être en totalité remplacés par nos produits manufacturés, malgré qu'il ait été pris plus de soixante-quinze brevets à cet effet, en France seulement, depuis un quart de siècle à peine. Mais il n'en est pas moins vrai qu'il leur faut, dès aujourd'hui, craindre cette concurrence redoutée, née de l'art du chimiste et à la veille de s'imposer.

En ce qui touche au point de vue scientifique, la question a été de tous temps jugée si importante que les *Études sur le vin*, de PASTEUR, qui ont principalement trait à l'acte du vieillissement, ont grandement contribué à la gloire de l'illustre savant, et sont un des monuments impérissables de la science d'observation et d'analyse de ce grand génie. Son élève, DUCLAUX, a laissé également ment sur ce sujet d'importantes recherches.

Enfin, au point de vue pratique, ces tentatives diverses ont eu pour résultat de faire entrer dans la voie scientifique et industrielle une industrie jusqu'ici empirique et agricole.

Professeur POZZI-ESCOT.

TABLE DES MATIÈRES

PREMIÈRE PARTIE

Le vieillissement du vin.

CHAPITRE PREMIER

LE VIEILLISSEMENT NATUREL DU VIN

CHAPITRE II

LE VIEILLISSEMENT ARTIFICIEL DES VINS

DEUXIÈME PARTIE

Vieillissement des alcools.

CHAPITRE PREMIER

CHAPITRE II

LE VIEILLISSEMENT ARTIFICIEL DES EAUX-DE-VIE

INTRODUCTION

Quoique nous ayons déjà publié un volume sur cette question il y a quelques années à peine, nous avons cru, comme M. Pozzi-Escot lui-même, que l'heure était bonne pour résumer l'état actuel de cette importante question qui ouvre à l'industrie vinicole moderne d'une part, et à l'industrie bien voisine des fermentations industrielles, d'autre part, des voies nouvelles et fécondes.

Pour la clarté du texte nous avons divisé cette étude en deux parties d'inégale importance.

Dans une première partie, nous étudierons le vieillissement du vin en débutant par la recherche et la mise en évidence des causes du vieillissement naturel, et en montrant l'application logique des faits acquis par la science dans cette voie à la pratique rationnelle du vieillissement artificiel.

C'est qu'effectivement, avant de tenter quoi que ce soit au point de vue du vieillissement artificiel, il a fallu connaître dans ses moindres détails le mécanisme du vieillissement naturel; on peut dire avec certitude à cet égard, je crois, que nous sommes définitivement fixés aujourd'hui grâce aux recherches d'un grand nombre de savants.

Dans une deuxième partie, nous étudierons le vieillissement des alcools en procédant de la même façon.

On nous pardonnera si parfois nous avons dû être un peu personnel, car ayant passé toute notre vie à étudier les vins et les alcools, pratiquant depuis plus de quinze ans des milliers d'essais de vieillissement, c'est plutôt le résultat de nos recherches que celles de tout autre que nous devons exposer. Malgré cela, nous nous sommes efforcés d'être le plus impersonnel possible.

F. MALVEZIN.

PREMIÈRE PARTIE

LE VIEILLISSEMENT NATUREL ET ARTIFICIEL DU VIN

CHAPITRE PREMIER

Le vieillissement naturel

Ce serait un lieu commun banal que de rappeler les multiples faveurs qui de tout temps ont entouré les vins vieux. Il n'y a qu'un cri en leur honneur dans toute l'antiquité, et on les aime encore de nos jours lorsqu'ils ont longtemps mûri dans la bouteille.

L'expérience a montré qu'il faut boire les vins vieux, mais qu'il ne faut pas leur laisser dépasser l'âge où la vieillesse détruit leurs aimables qualités. Le vin est fait pour être bu comme la femme pour être aimée, il faut profiter de la fraîcheur de sa jeunesse ou de la splendeur de sa maturité et ne pas attendre sa décrépitude.

Les vins vieux atteignent encore de nos jours de très hauts prix. On cite le cas d'un tonneau de

château Yquem de la fameuse année 1846, vendu 20.000 francs en 1859 au grand duc CONSTANTIN, de Russie. Les vins du *château Haut-Brion* 1875 se vendent 100 francs la bouteille et les vins 1878 du *château Haut-Bailly* valent 50 francs la bouteille, les exemples pourraient être multipliés au gré de nos désirs.

Le vieillissement des vins mérite donc l'attention de tous ceux qui, de près ou de loin : vignerons, négociants, consommateurs, s'intéressent à cette boisson.

Pratique du vieillissement naturel. — La science des négociants, qui généralement sont ceux qui font vieillir le vin naturellement, consiste dans la connaissance des moyens nécessaires à obtenir un vieillissement qui porte le vin à son apogée en lui donnant le plus de qualités possibles. Il s'agit d'un acte difficile, car l'expérience montre qu'un vin laisse à désirer, même quand il sort de la plus haute origine, s'il manque de bouquet ou de sève, de corps ou de couleur ; s'il est acre, sec et sans goût de fruit, en un mot, s'il n'a pas été conduit à pas lents et sûrs à sa vieillesse naturelle.

Que de fois le vin ne donne pas ce qu'il promettait et devient la proie de maladies que la thérapeutique vinicole apprend à connaître et à combattre ; que de fois le vin qui n'a pas les soins scientifiques nécessaires subit des dégénérescences irrémédiables dont les plus connues, pour ne citer que celles-là, sont l'amer, surtout la tourne, appelée improprement *maladie des vins mildiousés* et aussi la *casse.*

Le vieillissement naturel est complexe et comprend un ensemble de processus multiples dus, la plupart, à l'observation empirique de générations de praticiens émérites et dont la science a montré le rôle.

Au sortir de la cuve où vient de fermenter le raisin, le vin doit être introduit dans des fûts en bois de chêne, où on le conserve de trois à quatre ans pour lui permettre de se dépouiller de son excès de matière colorante, des lies et des autres matières extractives qu'il renferme soit en suspension soit dissoutes et en excès. Ce dépouillement lent, que favorisent certaines manipulations, et qui fait perdre au vin jeune tout son excès de matière colorante et lui fait acquérir un brillant et un éclat particuliers est dû à l'action combinée du froid de l'hiver, de la chaleur de l'été et à l'influence de l'air.

Dès son introduction dans la barrique neuve, où il doit commencer à vieillir, le vin subit l'influence des matières extractives du bois de chêne, et dissout graduellement son tanin qui, agissant sur les matières azotées et albuminoïdes que renferme le vin et dont il s'est chargé à la fermentation, les coagule et les précipite. Dans leur chûte ces matières entraînent avec elles divers autres éléments causant un véritable collage. Ceci a lieu pendant le premier mois, le vin pénètre les pores du bois et s'évapore déjà. Les barriques doivent être laissées bonde dessus pendant plusieurs mois pendant lesquels on doit ouiller tous les huit jours.

Durant cette période de début, on effectue un premier soutirage afin d'enlever les premières lies et on abandonne le vin dans les mêmes conditions. On opère un second soutirage en mars, car le vin a continué à se dépouiller pendant l'hiver, et il est nécessaire de le débarrasser de tous les ferments qui peuvent exister dans les lies, avant que les chaleurs de l'été ne viennent réveiller leur activité et dissoudre de nouveau une partie des matières extractives précipitées. Un troisième soutirage se fait avant la floraison de la vigne dans le mois de juin et un quatrième au mois de septembre à la veille de la vendange. A ce moment la véritable période de vieillissement commence ; on bonde les barriques qu'on met bonde de côté, quand ce sont des vins ordinaires. Mais il arrive souvent pour les grands vins que les fermentations secondaires obligent à laisser le vin bonde dessus pendant la seconde année.

Pendant la première année, les vins perdent, d'après BOIREAU, en consommation, le double que lorsqu'ils sont vieux et la main d'œuvre est trois fois plus considérable. Les ouillages atteignent facilement 8 p. 100. Pendant cette période, se séparent du vin tous les éléments en excès qu'il a dissous à la faveur de la chaleur de la fermentation, toutes les substances coagulables sous diverses influences, enfin le vin perd l'acide carbonique dont il s'est saturé à sa fabrication, et s'imprègne de l'oxygène, nécessaire comme nous l'apprendrons, à son vieillissement.

La seconde, la troisième et la quatrième année, les vins devenus vieux ne se soutirent plus que deux fois par an, en mars et en septembre.

Les vins bien constitués et bien soignés deviennent par simple soutirage d'une limpidité remarquable. Il est préférable de ne pas coller et fouetter les grands vins en primeur, à moins que leur limpidité soit difficile à obtenir au second soutirage.

Il y a des vins issus de certains cépages qui mettent plusieurs années pour se déféquer naturellement complètement. C'est généralement après trois ans qu'on met le vin en bouteilles, quelquefois on attend quatre ans, quand le vin à un degré alcoolique élevé, joint une riche couleur et beaucoup de tanin.

Un mois avant la mise en bouteille, le vin bien limpide est collé et on le soutire au moment de l'embouteiller un mois après l'avoir collé. On arrime les bouteilles dans un casier et au bout de quelques années le dégustateur est appelé à se prononcer sur la valeur du vin. Tel est dans ses grandes lignes le vieillissement naturel qui suffit à développer le bouquet et le cachet du vin de race.

Mécanisme du vieillissement naturel. — Nous avons vu qu'avec le temps, le vin se dépouille de ses lies, défécation qui, aidée par les soutirages et le froid, donne un vin limpide.

Les vins jeunes contiennent des tartrates acides dont la majeure partie se précipite à la longue dans les lies ou cristallise sur les parois du fut ; les acides du vin, principalement constitués par de l'acide tartrique, se combinent aux alcools pour former des éthers qui concourent à la formation du bouquet ; dans ce processus chacun des acides agit pour son propre compte et suivant les lois propres de son éthérification, de telle sorte qu'on obtient en produit ultime, un ensemble d'éthers à saveur plus ou moins prononcée, à odeur plus ou moins suave, et qui constituent la majeure partie du bouquet du vin.

Ces éthérifications demandent de longues années pour être complètes, parce que les réactifs agissants, l'alcool et les acides se trouvent dans un grand état de dilution et en petite quantité, et aussi parce que la température normale du vin est très peu favorable à la vitesse de ces processus d'éthérification.

Cette éthérification serait aidée, suivant Villon, par l'intervention de l'oxygène de l'air qui aiderait aussi au développement de l'arôme en agissant sur les éthers formés et sur les aldéhydes.

L'oxygène a encore un autre effet et des plus important, il oxyde les tanins et matières astringentes du vin, et les transforme en composés résineux insolubles ; par ce mécanisme il rend le vin moins âpre, moins amer, plus moelleux. Les matières colorantes du vin, qui appartiennent à la classe des tanins, participent à cette oxydation, et voilà expliqué le mécanisme par lequel l'oxygène fait perdre de la couleur au vin qui vieillit.

PASTEUR a indiqué dans ses magistrales *Etudes sur le vin* l'action bienfaisante de l'oxygène de l'air sur le vin. Il a démontré que le vin ne vieillissait pas lorsqu'on le maintient à l'abri de l'air. Il disait textuellement : « La combinaison de l'oxygène avec le vin, tel est donc, ce me semble, l'acte essentiel du vieillissement du vin (1). » « Il faut, ajoutait-il encore plus loin, aérer le vin lentement pour le vieillir, mais il ne faut pas que l'oxydation qui en résulte soit poussée trop loin, elle affaiblirait trop le vin ; elle l'userait et elle enleverait au vin rouge presque toute sa couleur. »

L'oxygène de l'air nécessaire au vieillissement arrive dans le tonneau à peu près privé de germes, filtré qu'il est à travers le bois des douves. Il disparaît au fur et à mesure qu'il arrive en se portant sur les substances les plus oxydables.

(1) L. PASTEUR. *Etudes sur le vin*, p. 112. Savy, éditeur, Paris, 1866.

On suit avec attention le vin en barriques, et lorsqu'on voit qu'il a atteint un degré suffisant de maturité, on le met en bouteilles où l'air continue à entrer, mais en moindre quantité, par les pores du bouchon.

Pasteur a d'ailleurs indiqué que l'oxydation du vin en bouteilles provenait également de l'air en dissolution dans le vin et venant des soutirages à l'air antérieurs. M. Duclaux a démontré de son coté que le vin ayant déjà eu le contact de l'air, peut vieillir sans que l'oxygène filtre à travers le bouchon, grâce à la réserve d'oxygène qu'il a emmagasinée.

Le vin enfermé dans des bouteilles bien closes ne vieillirait pas, à condition qu'il n'ait jamais eu le contact de l'oxygène, déposerait peu et son bouquet ne s'accentuerait pas. Le vin conservé dans des tonneaux avec une atmosphère d'acide carbonique pur met un temps infini à vieillir.

Sous l'action de cet oxygène indispensable, la matière colorante se modifie graduellement ; du rouge elle passe à une couleur pelure d'oignon, tandis qu'une partie se précipite à l'état de pellicule.

Que deviendrait la matière colorante avec l'âge si elle n'avait jamais eu le contact de l'oxygène de l'air? On ne le sait. A ce sujet, M. Gouirand écrivait, il y a quelques années : « On ne sait pas ce qu'elle deviendrait si elle n'avait jamais eu le contact de l'air. Il suffit qu'elle l'ait eu pendant quelque temps, pour être entraînée dans une série de transformations à évolution lente et dont les dernières peuvent ne s'accomplir que des années après qu'a eu lieu le contact de l'oxygène. Le point de départ de ces transformations est l'action d'une diastase précédant l'action de l'air (1). »

Suivant Villon, le vieillissement est dû au temps d'abord, qui permet l'éthérification des acides et de l'alcool et à l'oxydation ensuite, qui oxyde les tanins et les matières colorantes, les aldéhydes et les éthers.

Depuis peu une nouvelle explication a été donnée. Suivant elle, l'action du vieillissement proviendrait de l'intervention d'une distase précédant l'action de l'air. Cette hypothèse, dit M. Pozzi-Escot, dans son excellent travail sur *Les Diastases oxydantes et réductrices* (2), a reçu un appui de valeur dans la découverte de date récente relative à une maladie des vins caractérisée par le nom de casse (3).

(1) Gouirand. *C. R. de l'Acad. des Sc.*, 23 février 1897 et *Revue de Viticulture*, t. VII, p. 415.

(2) Pozzi-Escot. *Etat actuel de nos connaissances sur les oxydases et les réductases,* un volume in-16. Dunod, éditeur, Paris, 1902.

(3) La casse est devenue une maladie redoutée de la viticulture ; dans les vins rouges, elle est caractérisée par l'apparition d'un trouble persistant, suivi de la précipitation de la matière colorante et de la décoloration presque complète du vin. La maladie ne se manifeste pas tant que le vin reste enfermé à l'abri de tout contact avec l'oxygène de l'air, mais si on l'expose à l'action de celui-

Cette diastase, appelée *œnoxydase*, exerce son action sur les matières colorantes du vin en présence de l'oxygène ; quand elle en est excès ou qu'il y a un excès d'oxygène, elle conduit à l'oxydation totale de cette matière colorante et par suite à la casse ; lorsqu'au contraire elle est en faible quantité et que l'oxygène de l'air est lui-même peu abondant, elle conduit à une oxydation lente, qui est le vieillissement du vin.

Certaines moisissures, notamment le *botrytis cinerea* (1), sont des générateurs puissants d'œnoxydase, qu'on rencontre aussi à l'état normal dans le grain de raisin. Si l'on se demande pourquoi tant de causes s'ajoutant pour porter à son maximum la quantité de diastases oxydantes dans un vin, ceux-ci n'en renferment jamais que de très faibles quantités, il faut signaler qu'au cours de ses recherches sur les diastases réductrices,

---

ci, la casse commence à la surface du liquide par une sorte d'irisation qui gagne peu à peu en profondeur sous forme d'une couche brunâtre fortement trouble et finit par atteindre la masse entière. Pendant que la matière colorante se dépose sous forme amorphe ou de feuillets adhérents aux parois du vase, le liquide passe par toutes les teintes du vieillissement jusqu'à la décoloration presque complète. (Pozzi-Escot. *Les Diastases et leurs applications*. Masson, éditeur, Paris, 1900.)

(1) J. Laborde. La Casse des vins. *Revue de Viticulture*, t. VI, p. 630 ; — *Ibid*. La Pourriture grise et la qualité des vins. *Revue de Viticulture*, t. XVII, p. 257-261. — J. Guesnier. La Pourriture grise. *Le Progrés Agricole et Viticole de Montpellier*, 1900. — A. Muntz. *Ann. Agro.*, 1902, p. 177-208,

Pozzi-Escot a mis en évidence l'action antago-
niste de ces *réductases* qu'il a découverte (1).

D'après une note manuscrite que nous a remise
autrefois M. Pozzi-Escot, auquel nous soumet-
tions nos idées sur le vieillissement, et qui s'est
particulièrement occupé de ces questions, où il a
acquis une indiscutable compétence, l'action chimique du vieillissement est une oxydation, cette
action s'adresse aux matières colorantes et astringentes du vin qu'elle oxyde et rend insolubles,
l'oxydation enfin atteint aussi, mais plus ou moins
nettement, certains alcools du vin en donnant des
aldéhydes qui concourent à la formation du bouquet en se combinant aux alcools pour former des
acétals odorants. L'action physique est une
éthérification sous l'entière dépendance d'une loi
physico-chimique qui est celle de MM. Berthelot et Péan de Saint-Gille.

Le même auteur ajoutait, après avoir considéré nos essais de vieillissement artificiel et, les
jugeant *a priori* : « Le chauffage peut aider considérablement cette éthérification et une acétalli-
sation d'où résulte la majorité du bouquet. Le
chauffage avec aération active aussi l'action chimique de l'oxygène et facilite la formation des
aldéhydes et, par suite, celle des acétals odorants. »

(1) Pozzi-Escot. Contribution à l'étude de la casse. *Le
Prog. Agr. et Vit.*, 9 mars 1902.

La connaissance du rôle joué par ces acétals dans la formation du bouquet est de date récente, elle a été signalée d'abord par M. Trillat (1). Voici, à cet égard, comment s'exprime ce savant : « On est généralement d'avis que la formation du bouquet ou du parfum des vins est dûe à une éthérification ou à une oxydation des alcools. Cela est partiellement vrai, mais on n'a pas tenu compte des acétals provenant de la condensation des produits d'oxydation de l'alcool éthylique, et de celle des autres alcools qui l'accompagnent dans la fermentation, alcools dont la proportion et la nature doivent varier selon le cépage ou selon les circonstances dans lesquelles s'est effectuée la fermentation. »

Et dans une autre Note présentée plus récemment à l'Académie des Sciences, cet auteur conclut : « Le vieillissement des vins correspond à une oxydation normale des alcools du vin, c'est-à-dire à la formation des aldéhydes, à leur acétilisation et à leur éthérification. Sous l'influence de certaines maladies, la proportion des aldéhydes augmente ; selon les circonstances, elles forment une combinaison insoluble avec la matière colorante du vin ou sont résinifiées par les sels minéraux du vin (2). »

(1) Trillat. *Oxydation des alcools par l'action de contact*, un vol. in-8. Carré et Maud, éditeurs, Paris, 1901.

(2) *Ibid. C.-R. de l'Académie des Sciences*, 19 janvier 1903.

M. Rocques conclut lui aussi de ses études que l'aldéhyde acétique peut jouer un double rôle : néfaste quand il forme une combinaison insoluble avec la matières colorante ou quand il se résinifie pour produire l'amertume ; utile au contraire quand l'aldéhyde acétique se convertit en acétals qui participent à la formation du bouquet dans le vieillissement (1).

Il est facile de voir, d'après ce qui précède, que le vieillissement naturel du vin est dû à des causes multiples qui sont :

1° La précipitation des matières dissoutes grâce à la chaleur développée par la fermentation à la cuve, et qui sont principalement des matières salines : crème de tartre. Leur influence sur le vin nouveau se révèle par une amertume particulière : le vin est vert.

2° La coagulation et la précipitation des tanins et de l'excès de matière colorante, avec un peu de matières albuminoïdes. La précipitation de ces principes est dûe surtout à l'intervention d'une action oxydante, et pour une part minime à des phénomènes de coagulation et de résinification chimique. Cette action a pour effet d'éclaircir le vin, de lui donner du brillant et une teinte rubis, les matières colorantes qui se précipitent les pre-

(1) Rocques. *Revue générale de chimie*, 1901, p. 93 et *Revue de viticulture*, 20 février 1903.

2.

mières étant surtout celles à teinte bleue. D'autre part, l'élimination des matières astringentes et tannifères, permet au vin d'acquérir son moelleux caractéristique.

3° L'oxydation des matières alcooliques et leur transformation en aldéhydes, dont une partie entre dans le processus précédent et dont une autre partie se combine aux alcools pour donner des acétals odorants qui jouent leur rôle dans la formation du bouquet caractéristique des vins vieux de race.

4° L'éthérification des alcools du vin par les acides de ce même liquide ; ce processus est lent et obéit aux lois de l'éthérification. Les éthers formés entrent pour une part très importante dans la composition du bouquet.

CHAPITRE II

Le Vieillissement artificiel des vins.

Le vieillissement naturel que nous venons de voir est une opération très longue qui demande de grands soins, qui immobilise un capital énorme et qui de ce fait et par les pertes de vin qu'entraîne le processus lui-même, revient très cher ; on comprendra dès lors sans peine que beaucoup de tentatives aient été faites pour hâter l'avènement du vieillissement. De là toute une multitude d'essais de vieillissement artificiel qui ont les uns et les autres la prétention d'éviter les inconvénients précités et en plus d'annuler les chances de dégénérescence du vin en abrégeant considérablement la durée du vieillissement.

Malheureusement, quel que soit le nombre des essais de vieillissement artificiel qui aient été faits, aucun, disons-le d'ores et déjà, n'a donné complète satisfaction jusqu'ici. Nous allons les étudier, non pas en détail, ce qui nous prendrait beaucoup plus de place que nous n'en avons ici, mais dans leur principes généraux et dans leurs grandes lignes.

I. Vieillissement par le collage. — On a cherché à accélérer par des collages répétés le dépouillement du vin qui est une des caractéristiques du vieillissement.

Ce collage est le résultat de deux actions indépendantes et successsives : l'une mécanique et l'autre chimique. Ce sont surtout les actions chimiques qui permettent d'obtenir, à l'aide de colloïdes, la précipitation d'une fraction des matières colorantes, par la coagulation due au tanin qui entraîne dans la lie une partie des dépôts et de la couleur.

On arriva par cette opération à précipiter une quantité de mucilages qui produisent le goût de fruit et donnent de l'onctuosité au vin. Enfin l'action du coup de fouet ou battage du vin produit une agitation et des projections de liquide qui facilitent et augmentent l'oxydation, tout au moins du vin qui est la surface.

On arrive bien par ce moyen à vieillir un peu les vins ; mais ils perdent de leur moelleux et deviennent plus ou moins acres ou secs. Le collage des vins est, du reste, une opération très répandue et généralement employée avec raison pour les vins trop âpres et trop chargés en couleur et qu'on désigne sous le nom de vins durs ; mais pratiqué

avec excès, il donne des vins considérablement
asséchés qu'on ne saurait assimiler à des vins
vieux. Il faut bien remarquer, en effet, que le col·
lage le plus énergique n'a d'action que sur les
matières colorantes et les tanins, et n'agit nulle-
ment sur le bouquet : un vin qui a subi des collages excessifs est ce qu'on appelle en terme de
métier : *éreinté*.

2. Vieillissement par agitation. —
A.-M. VILLON, dans le premier numéro de *l'Œ-*
nophile, en 1894, signalait une légende d'après
laquelle un meunier aurait fait vieillir du vin en
deux jours en attachant un petit tonneau de celui-ci
à la roue de son moulin.

J. FAURÉ (1), à qui l'on doit une remarquable
étude sur le vin de la Gironde, croyait aussi que
l'agitation pouvait constituer une cause de vieillissement et il attribuait aux mouvements conti-
nuels du roulis l'amélioration très sensible qu'ac-
quièrent les vins dans les voyages sur mer.

Un autre bordelais, BOIREAU (2), a partagé cette
opinion sur le vieillissement. Or, BOIREAU, qui
était un de ces grands maîtres de chai du bordelais qui ont fait époque, s'est trompé comme s'é-
tait trompé FAURÉ ; ce n'est pas l'agitation qui

(1) J. FAURÉ. *Analyse chimique comparée des vins de
la Gironde*, Bordeaux, 1874.

(2) BOIREAU. *Traité pratique des vins*, p. 283.

vieillit le vin, mais bien l'air atmosphérique par l'oxygène qu'il renferme et que l'agitation incorpore au vin.

3. Vieillissement par les vibrations. — VIARD, dans son *Traité des vins*, indique que les vibrations font vieillir le vin. Nous pensons que c'est surtout l'oxydation par agitation qui peut encore, dans quelques cas, produire un certain vieillissement.

Les vibrations peuvent néanmoins hâter les dépôts dans le vin une fois les matières colorantes oxydées et conduire de la sorte à un dépouillement très rapide du vin. Il se passe là quelque chose d'analogue au phénomène de la centrifugation utilisée en chimie pour éliminer d'un liquide en apparence limpide des éléments en suspension tels que des bactéries.

Un exemple typique de ce phénomène nous est donné par la maison L. ROSENHEIM, bien connue, qui en Angleterre a loué des caves situées sous le tunnel des chemins de fer de Londres. Ces caves renferment environ trois millions de bouteilles et, suivant les renseignements qu'a bien voulu nous fournir M. DUNCK, chef de la maison, les vins deviendraient dans ces caves en fort peu de temps d'une limpidité parfaite.

Il faut rapprocher cette action de la légère agitation qu'on communique, en Champagne, aux grands vins mousseux en bouteilles pour faire tomber le dépôt sur le bouchon ; mais il n'y a pas là, à proprement parler, de processus de vieillissement.

On a pris néanmoins à ce sujet un certain nombre de brevets ; nous signalerons celui de Timby (1) qui, pour vieillir les vins, les mettait sur des wagonnets ou trucks roulant sur des rails à ressorts.

4. Vieillissement par procédés chimiques. — On a cherché à vieillir les vins par l'action de certains procédés chimiques, mais comme l'a dit Villon, tous les procédés qui laissent après le traitement des matières étrangères dans le vin doivent être rejetés (2).

Parmi ces procédés, nous mentionnerons un procédé dû à Villon (3) et qui consiste à ajouter au vin une petite quantité d'eau oxygénée. L'eau oxygénée donne un effet vieillissant des plus nets et a l'avantage de ne laisser dans le vin aucune trace de matière autre que de l'eau ; mais souvent encore elle a l'inconvénient d'altérer la couleur des vins

(1) Timby. B. F. n° 225.497, 8 nov. 1892 : *Procédé et appareils pour vieillir les vins et leur donner de la maturité.*

(2) Dans cette voie les procédés les plus invraisemblables ont été proposés, il nous suffira d'en citer un seul exemple, B. F n° 212.945 du 22 avril 1891 par Tanneveau *Emploi de sels de fer à la défécation et à la conservation du vin.*

() *Nature*, 1893 .

rouges et de donner un goût particulier. Ce procédé a du reste été abandonné.

Périodiquement on voit néanmoins surgir des procédés brévetés qui remettent en honneur cette vieille méthode (1), il est vrai qu'on ne saurait demander à chacun de connaître son métier !

5. Vieillissement par insolation. — Depuis très longtemps, on a eu recours à la lumière solaire pour vieillir le vin. On sait en effet que la lumière peut être une source puissante d'énergie et peut conduire notamment à des phénomènes d'oxydation intenses ; le domaine de la chimie organique en offre de nombreux exemples.

La constatation de l'action des rayons solaires sur le vin a été faite par Boireau et par Pasteur il y a longtemps déjà.

Dans cette voie, les procédés de vieillissement les plus invraisemblables ont été proposés. Le docteur Martinez Anibaro, de Madrid, a synthétisé l'ensemble de ses recherches dans un mémoire publié en espagnol sous ce titre : *Traitement des vins par la lumière, leur amélioration, conservation et vieillissement naturel sans addition et sans*

____

(1) Moeller. B. F. n° 270.877 du 29 sept. 1897 : *Procédé pour améliorer, vieillir, mûrir et oxyder toutes les boissons alcooliques par une addition de peroxydes d'hydrogène.*

frais, et dans une série de brevets français et étrangers (1).

Son procédé est basé sur les faits suivants : sous l'influence de l'oxygène et de la lumière, les matières colorantes du vin s'oxydent et se transforment. Soumises à ces deux agents elles se précipitent presque entièrement sous forme de dépôt brun ; les matières colorantes jaunes restent en partie en solution. Cette transformation se fait en un temps plus ou moins long, selon que le vin est fort ou non, selon que le vieillissement doit se faire dans des tonneaux ou dans des bonbonnes, selon que la couche liquide est plus ou moins épaisse, selon l'acidité du vin et surtout selon le climat du pays où elle doit avoir lieu. En réduisant la couche liquide à sa plus simple expression, on hâte sa transformation.

M. MARTINEZ ANIBARO a fait construire un appareil en verre chargé d'effectuer ce travail et auquel il a donné le nom d'*œnophote*, appareil de démonstration surtout.

Nous n'entrerons pas ici dans les détails de la construction, qui importe peu et que nous avons

(1) **B. F.** n° 206.712 du 30 juin 1890. *Procédés pour améliorer, conserver, vieillir naturellement les vins, eaux-de-vie, huiles, au moyen de la lumière.* — **B. F.** n° 291.789, du 16 août 1899. *Système destiné à améliorer, conserver et vieillir naturellement, au moyen de la lumière, les vins et autres liquides.*

fait connaître ailleurs, mais sans dénier aucune des qualités personnelles du docteur Martinez Anibaro, nous tenons à prévenir le monde vinicole français que la prétendue découverte du savant espagnol n'est que la réédition des études de Louis Pasteur. Une seule chose est brévetable dans le procédé Anibaro, c'est la disposition particulière de son appareil.

Nous aimons à rappeler que dans ses *Études sur le vin*, Pasteur s'est étendu longuement sur l'influence combinée de la lumière solaire et de la chaleur. Il prit le 11 avril 1865 un brevet pour la conservation du vin par la chaleur et, le 27 mai de la même année, un certificat d'addition où il parle de vieillissement à la lumière ; action sur laquelle il revient dans un autre certificat d'addition et dont on retrouve la substance dans les communications du mois d'août de la même année à l'Académie des Sciences.

En 1890, nous-même nous fîmes avec Villon toute une série d'expériences dans cette voie, expériences que nous avons relatées dans notre manuel de *Pasteurisation des vins*. Aussi on me permettra de dire que de tels procédés ne me paraissent ni économiques ni pratiques. Aussi je me bornerai à indiquer les autres brevets pris dans cette voie par Heurteau (1), Brossa (2), Batalle (3), de Muller (4), etc.; car si à la longue, la lumière solaire ou la lumière artificielle peuvent hâter le vieillissement, ces procédés n'ont rien d'industriel.

6. Vieillissement par l'ozone. — Villon, après les essais infructueux faits en commun avec l'oxygène et l'eau oxygénée, eut le premier l'idée de se servir de l'ozone et de ses propriétés oxydantes pour vieillir les vins. Afin d'éviter l'emploi des appareils coûteux à cette époque (1892), qui servaient à la fabrication de l'ozone, Villon recommandait l'eau ozonée et nous fîmes avec lui toute une série d'essais dans cette voie, mais nous ne pûmes rien obtenir de bon avec l'ozone, nonobstant les affirmations d'un ouvrage tout récent qui voudrait faire croire le contraire sans en apporter aucune autre preuve que des affirmations ; l'ozone détruisant à la fois sans égard et la matière colorante et les éthers aromatiques, tout en aug-

(1) Heurteau. B. F., n° 73.389 du 9 nov. 1866. *Procédé d'amélioration et de vieillissement des eaux-de-vie par l'air et la lumière combinés.*

(2) Brossa. B. F., n° 195.260, du 8 janvier 1889. *Procédé pour conserver les vins et les liqueurs.*

(3) Batallé. B. F., n° 209.387, 10 novembre 1890. *Procédé pour améliorer, conserver et vieillir les vins.* (Deux certificats d'addition).

(4) De Muller. B. F., n° 231.022, 21 juin 1893. *Perfectionnement dans les moyens de vieillir et d'améliorer les vins.* (Un certificat d'addition).

mentant dans d'inquiétantes proportions l'acidité volatile. D'autre part, l'eau ozonée dont nous nous servions au début n'étant jamais pure, donnait toujours au vin un goût fort désagréable qui nous fit abandonner nos divers systèmes.

Depuis nous avons repris nos expériences d'ozonisation directe des vins, mais les résultats n'ont pas été favorables. Quoiqu'on dispose aujourd'hui de procédés tout à fait perfectionnés pour la préparation de l'ozone, nous ne croyons pas que ce procédé de vieillissement puisse être utilisé avec succès. M. DE LA COUX (1), dans son ouvrage sur l'ozone, s'étend longuement sur l'emploi de ce gaz pour le vieillissement du vin qu'il recommande. Il est regrettable de voir de pareilles affirmations s'étaler dans des ouvrages qui ont de légitimes prétentions à être sérieux : l'ozone peut parfaitement transformer le vin en mauvais vinaigre, c'est tout.

7 . Vieillissement par l'oxygène . — Puisque l'oxygène joue un rôle fondamental, ainsi que nous l'avons montré dans le vieillissement naturel, il était tout indiqué dès lors de chercher à vieillir artificiellement par l'oxygène.

Le premier appareil construit sur ces données est dû à M. WILLIAM SAINT-MARTIN, et a été construit par la maison Deroy de Paris. Il se compose essentiellement d'un système pulvérisateur destiné à obtenir l'atomisation des liquides et leur mélange intime avec une certaine quantité d'oxygène ou d'ozone, ce procédé est uniquement appliqué aux alcools, quoiqu'on ait parlé de l'employer pour le vin.

VILLON avait été lui aussi un chaud partisan de l'oxydation par l'oxygène et c'est sur ses conseils que nous fîmes dès 1893 à Bordeaux, un certain nombre d'essais de ce genre chez divers négociants de notre place qui, il faut le dire sans crainte, ne furent guère satisfaits. On opérait alors à froid.

Deux ans plus tard, après avoir imaginé notre appareil Pastor, nous construisimes avec VILLON un appareil pour le vieillissement des vins par l'oxygène sous pression et à chaud. Le dispositif que nous avons imaginé est celui de la figure 1. Ici encore, nous dûmes, après nos essais effectués chez MM. ESCHENAUER et Cie, chercher mieux, car de l'avis du docteur P. CARLES, le vin vieillissait trop vite, vieillardissait, était trop sec (1).

---

(1) Nos brevets à ce sujet sont nombreux, voici les principaux : B. F., n° 225.100, du 21 octobre 1892, par VILLON et MALVEZIN : *Vieillissement des spiritueux par l'oxygène comprimé.* B. F., n° 226.233, du 5 décembre 1892, par VILLON et MALVEZIN : *Emploi des gazogènes et oxygènes dans le vieillissement et l'amélioration des vins, liqueurs, alcools et esprits parfumés.* B. F., n° 235,167, par VILLON et MALVEZIN du 30 décembre 1893 : *Procédé de vieillissement des eaux-de-vie et liquides alcooliques par l'oxygène modifié.*

8. Vieillissement par évaporation :

Procédé FRANCISCO IVISON. — Ce procédé que son auteur a fait breveter en France (1) a pour objet de vieillir en une seule semaine les vins et spiritueux en procédant, dit l'auteur, par les mêmes moyens que ceux de la nature, ce en quoi il se trompe à notre avis, mais il est certain que pour les vins de liqueurs le procédé IVISON a du bon.

Dans ce procédé le vin destiné à être vieilli est mis dans un réservoir fermé dont l'atmosphère est rendue aussi sèche que possible par des sels absorbants ou déliquescents, ce qui produit une évaporation de l'eau du vin en donnant un vieillissement tel que le bouquet et le goût sont avantageusement modifiés et identiquement à un vieillissement naturel de plusieurs années, nous dit l'inventeur.

Les sels employés par M. IVISON sont les hydrates de soude ou de potasse.

Ce procédé revient en somme à effectuer une concentration du vin et nous ne saurions admetre que la concentration du vin provoque un vieillissement complet sur les vins rouges. Les procédés français de concentration du vin, ceux de M. GARRIGOU et celui de MM. BAUDOIN et SCRIBAUX, qui concentrent tous les deux les vins par l'évaporation de la partie aqueuse, peuvent

(1) IVISON Y. O. REALE. B. F., n° 304.082 du 25 sept. 1900. *Procédé de vieillissement des vins et spiritueux.*

être considérés comme des moyens de vieillir les vins au même titre que celui de M. Ivison.

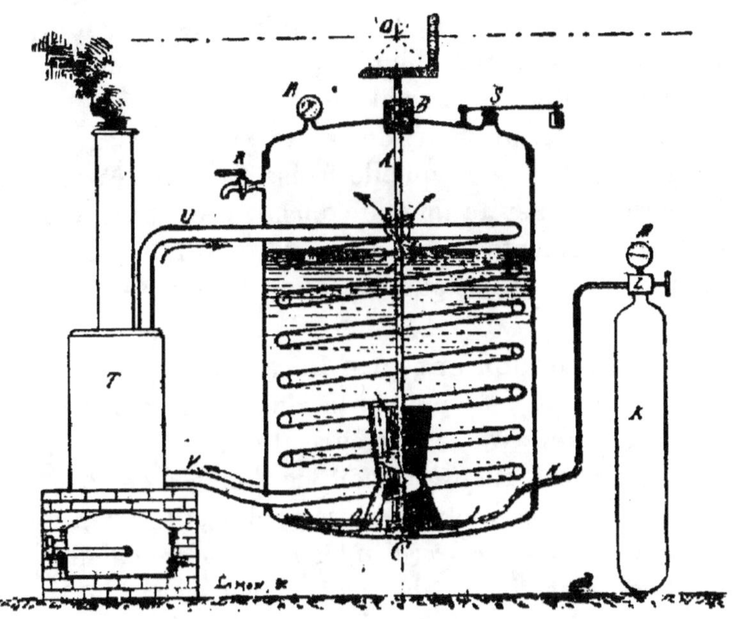

Fig. 1. — Premier oxygénateur Villon-Malvezin

2° *Procédé du docteur* Garrigou. — Nous ne dirons pas grand chose du procédé Garrigou, quelle que soit son ingéniosité ; ce procédé est surtout destiné à faire des vins de liqueur et ne saurait avoir aucune prétention au vieillissement.

3° *Procédé* Baudoin *et* Scribaux. — Ce procédé, breveté en 1894, puis en 1896, a surtout pour objet de concentrer les vins par élimination d'eau. Nous n'entrerons pas dans le détail du fonctionnement du procédé ou des appareils assez compliqués qui sont nécessaires. L'inconvénient de ce procédé, en supposant qu'il puisse vieillir les vins, est d'être obligé de les concentrer, ce qui augmente considérablement le prix.

La concentration a, du reste, un autre gros écueil, c'est d'abord qu'elle froisse les intérêts de la régie, et ensuite qu'elle concentre dans le vin certains éléments, tels que l'acidité volatile dont la présence à trop haute dose est à redouter.

9. Vieillissement par la chaleur. — Le vieillissement des vins par la chaleur ne doit pas être confondu avec la pasteurisation.

La pasteurisation, suivant les données de Pasteur, consiste à chauffer préalablement le vin à l'abri de l'air pour détruire les germes de maladie qu'il contient, en vue de sa bonne conservation.

Or, en chauffant un vin à l'abri de l'air, on ne le vieillit pas. Il est vrai qu'il existe des œnothermes mal construits qui donnent un goût de cuit, mais cela est un défaut. Nous avons été les premiers à faire breveter à notre profit la pasteurisation en présence de l'acide carbonique et sous pression, afin d'éviter le contact de l'air.

Des vins jeunes chauffés en présence de l'acide carbonique ne donnent jamais le goût de cuit. D'ailleurs, Terrel des Chênes avait démontré que le vin ne vieillisait pas à l'abri de l'air. Pas-

TEUR a dit et prouvé que le contact de l'air seul peut donner un goût de cuit.

La pratique a pleinement confirmé ce jugement ; mais la chaleur peut vieillir le vin si on le met simultanément au contact de l'air, parce qu'il y a alors oxydation du vin. Si cette oxydation est trop forte, le vin prend le goût de cuit ; si elle est modérée et pratiquée dans certaines conditions, le vin vieillit normalement ; si elle est supprimée, le vin ne vieillit pas.

La chaleur modérée mais prolongée a une action qui active le vieillissement des vins. Elle en favorise les éthérifications qui mûrissent plus rapidement le bouquet ; enfin, sous son influence, le tanin et la matière colorante se précipitent plus facilement en provoquant le dépôt des matières azotées et albuminoïdes plus ou moins coagulées.

Ces faits sont connus depuis la plus haute antiquité. Nous avons pu nous-même, en 1892, renouvelant une expérience citée par de VERGNETTE-LAMOTTE, vieillir de grosses bouteilles de vin en les suspendant dans une cheminée où l'on faisait du feu. Remarquons que ce procédé, comme tous les procédés similaires que nous avons rapportés ailleurs, sont surtout applicables sur des vins de richesse alcoolique élevée, car tous ceux qui avaient un faible degré avaient perdu de valeur.

L'année précédente, nous avions essayé de

vieillir par la chaleur solaire, dans une serre spécialement disposée à cet effet à Caudéran. Les résultats furent loin d'être merveilleux et assez inégaux ; nous en avons rendu compte ailleurs. C'est la confirmation des expériences de M. de VERGNETTE-LAMOTTE.

En chauffant les vins en bouteilles, si elles étaient bien pleines, le vieillissement serait à peu près nul ; s'il y a un léger vieillissement, il est dû à l'action de l'oxygène de l'air sur le vin, action qui est activée par la chaleur.

La chaleur ne vieillit donc pas le vin s'il est privé d'air, mais elle a sur le vin une influence dont il faut dire un mot.

10. Action de la chaleur sur le vin. — La chaleur pratiquée sur un vin à la pression atmosphérique a des actions funestes qui le transforment complètement. L'alcool s'évapore, entraînant toutes les matières volatiles, les autres alcools, les éthers, les aldéhydes, les huiles essentielles, l'acide carbonique, l'acide acétique, etc., etc. Les éléments solides éprouvent eux-mêmes des modifications profondes.

Il est facile de se rendre compte de ces diverses modifications en examinant un vin que l'on chauffe dans un alambic. En comparant le vin avant et après le chauffage, on peut voir à l'examen de la couleur, à sa dégustation, que ce vin, que le langage vulgaire désigne sous le nom de *vi-nasse*, n'est plus du vin grâce à la seule action de la chaleur.

La chaleur n'a pas la même action sur le vin enfermé en vase clos ou sous pression, et son action, de nuisible, devient la plus bienfaisante et la plus utile de toutes les actions que l'on puisse faire subir au vin.

La chaleur a la propriété, poussée à une certaine température, de détruire les causes de maladie des vins en tuant les diverses mycodermes ou bactéries qu'il renferme depuis la cuve de vendange, en respectant toutes ses qualités.

Tous les vins, même les plus grands vins, contiennent des germes de leurs maladies dès leur élaboration.

M. Pozzi-Escot, qui a publié il y a quelques mois, dans la grande revue internationale le *Mois scientifique et industriel*, une importante et très remarquable monographie (1) sur les *Progrès récents des industries de fermentation*, s'est exprimé comme suit à ce sujet, on nous permettra de faire appel à sa plume autorisée :

« Le vin n'est pas toujours d'une conservation certaine ; souvent même, quand sa fabrication n'a pas été l'objet de soins assez méticuleux, sa conservation devient impossible sans certaines

(1) En vente à la librairie Vve Ch. Dunod. Prix, 2 fr. 50.

précautions. Pendant longtemps on se servit, pour conserver les vins défectueux, de divers antiseptiques ; mais l'addition de tels produits étant une fraude reconnue et poursuivie par la loi, on dut chercher ailleurs. Alors apparut la *pasteurisation*. Cette opération, dont l'emploi industriel est de date récente encore, consiste à chauffer le vin vers 60 à 65° et dans certains cas de 70 à 100°, afin de détruire les germes des maladies qu'il peut contenir. L'idée première de cette opération, due à Pasteur, ne fut pas immédiatement applicable, car s'il suffit de stériliser le vin en le chauffant, les moyens de chauffage ne sont pas indifférents, il faut d'infinies précautions pour arriver à pasteuriser un vin, sans altérer en rien ses propriétés.

« Les appareils modernes pour pasteuriser les vins sont de différents types ; les seuls que l'on puisse utiliser sans crainte, sont ceux où le liquide organique si fragile n'est mis en contact ni avec du cuivre, ni avec du fer, ni avec aucun métal ou alliage capable d'être attaqué par les acides viniques, ou sous l'action combinée de ces acides et de l'oxygène de l'air ; enfin on doit rejeter impitoyablement tous les systèmes de chauffage à feu cru.

« Cette question des pasteurisateurs est jugée si importante pour la viticulture qu'à diverses reprises, en 1897 et en 1902, le gouvernement a cru devoir organiser officiellement des concours, uniquement ouverts à ces appareils.

« Tous se ramènent à deux types : les ap-

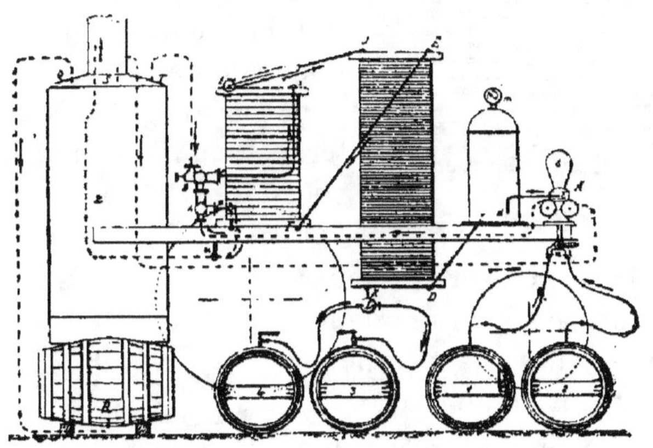

Fig. 2. — Appareil pasteurisateur Malvézin dénommé *Pastor*.

pareils à tubes et les appareils à surfaces parallèles. Le plus connu dans le premier genre est l'appareil HOUDART. Au second groupe se rattache l'appareil FRANTZ MALVEZIN, dénommé *Pastor*. »

Nous n'avons pas la prétention de parler ici de la pasteurisation dont nous avons fait l'étude ailleurs.

Il est nécessaire néanmoins, pour la clarté des descriptions que nous donnerons plus loin, que nous indiquions en quelques mots la structure générale du pasteurisateur Pastor (fig. 2) : il est composé de deux colonnes de plaques creuses avec

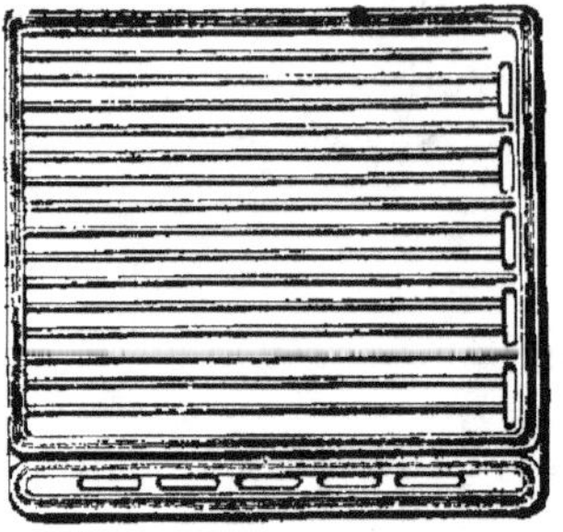

Fig. 3

des rebords à rainures (fig. 3). La surface inférieure des plaques porte un relief venant s'encastrer dans une rainure correspondante et formant joint parfait grâce à l'interposition d'une matière spéciale. Des ouvertures disposées dans l'intérieur du rebord du cadre et dans l'intérieur des plaques permettent la communication entre eux de tous les éléments de rang pairs ; de même pour tous les éléments de rang impairs (fig. 4). Le vin à stériliser arrive par la plaque n° 1, il traverse le rebord de la plaque n° 2, sans se rencontrer avec le liquide surchauffé qui descend par les plaques paires. La première colonne sert à

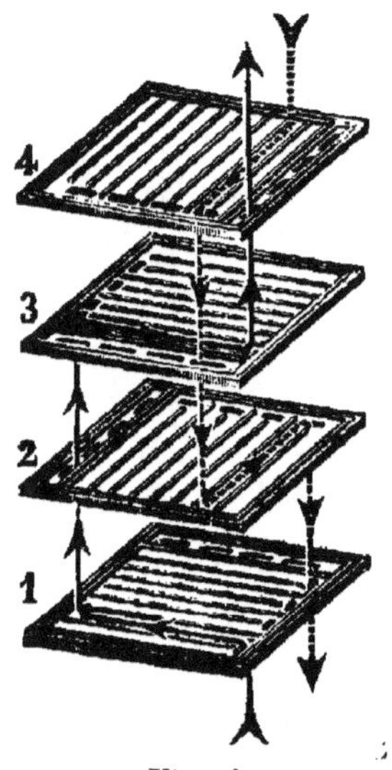

Fig. 4

stériliser le mout en le chauffant, l'autre à le refroidir avec du mout froid (1).

On nous a souvent demandé pourquoi nous accordons une si grande importance au chauffage du vin sous pression que nous recommandons depuis longtemps et pratiquons journellement sur des centaines d'hectolitres de vins de grands crus. C'est d'abord parce que la pression empêchant la production de gaz au sein d'un liquide évite toute perte des principes volatils du vin et notamment de l'alcool et ensuite que nous conservons au vin les gaz qu'il pouvait avoir dissous.

11. Vieillissement par congélation. —

La congélation des vins est connue depuis fort longtemps. PLINE en a parlé, mais c'est de VER-GNETTE-LAMOTTE qui est le véritable propagateur

---

(1) Nous citerons quelques brevets intéressants dans cette voie. B. F., n° 84.610, du 3 mars 1869. M. DE LAPPA-RENT : *Chauffe-vin destiné à la conservation des vins.* — B. F., n° 102.350, du 9 mars 1874. BIGOT : *Procédé pour l'amélioration des vins en cercle et en bouteille par l'application de la chaleur.* — B. F., n° 156.216, 23 juin 1883. HOUDART : *Système d'appareil perfectionné à chauffage par le gaz et réglage automatique pour l'application du chauffage des vins, en vue de leur conservation et sans les vieillir.* — B. F., n° 159.161, du 13 décembre 1883. M. HOUDART : *Système de chauffage des vins dans le but de les conserver sans les vieillir.* — B. F., n° 161.260, 28 mars 1884. M. BOURDIL : *Appareil de chauffage pour conserver et améliorer les vins* (plusieurs certificats d'addition), etc.

de la congélation des vins en vue de les concentrer.

On obtient, dit-il, sous l'effet d'un abaissement de température, limité entre 0 et 6°, une précipitation partielle des substances qui sont en dissolution dans le vin et qui sont d'autant moins solubles que la température est moins élevée. Au dessous de 6°, une portion du vin passe à l'état solide et peut en être ultérieurement séparée par un soutirage opportun.

Le même auteur dit aussi : « Le vin exposé au froid commence à se troubler dès qu'il arrive à zéro, et les diverses matières qui sont en dissolution se précipitent; à 6° au-dessous de zéro, il se forme une légère cristallisation qui adhère aux parois des tonneaux, et les cristaux augmentent avec le froid. Il devient alors essentiel de séparer les parties glacées et solidifiées du vin, et cela, avant d'attendre que le dégel commence. L'on place le vin dans un endroit frais; le vin ne tarde pas à s'y éclaircir en laissant tomber un précipité noir très abondant, épais et consistant... Dans le dépôt formé par les vins congelés, l'on remarque une forte proportion de bitartrate de potasse, une partie de la matière colorante et des matières azotés. Son goût est plus net, et il ne fera plus désormais de dépôts volumineux dans les futs ou les bouteilles ».

Pour suppléer à l'action du froid naturel, de VERGNETTE-LAMOTTE s'est servi de sabottière, telles que celles que représente notre figure 5, celles-ci constituées par un cylindre métallique d'une contenance d'un hectolitre environ. Cette

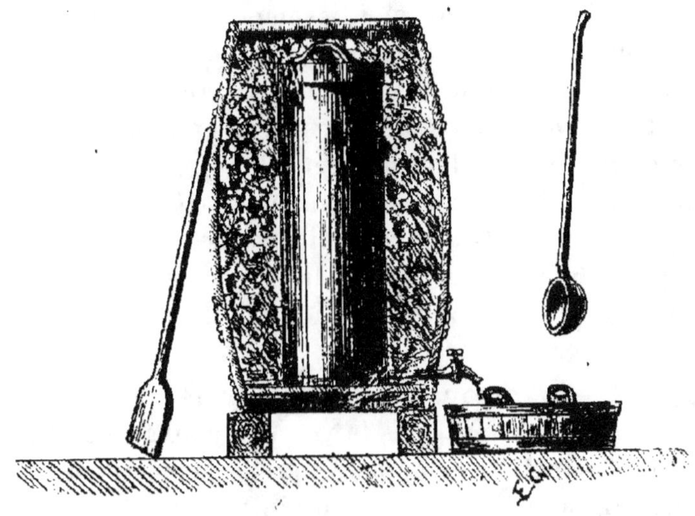

Fig. 5. — Sabottière de Vergnette-Lamotte.

sabottière, hermétiquement close et pleine de vin, est introduite dans une futaille défoncée dans laquelle on met des couches de glace ou de neige et de sel.

Après de VERGNETTE-LAMOTTE on a fait de nombreux autres essais dans la même voie. M. BOUFFARD notamment en 1891, a fait des expériences très intéressantes sur la congélation et le rôle du froid dans la vinification. Ses conclusions sont que l'amélioration est certaine, mais que ce procédé n'est pas économiquement pratique.

M. Mathieu a évalué le coût du vieillissement par ce procédé a 67 francs la barrique.

La congélation, hâtons-nous de le dire, a surtout été employée pour la concentration des vins, mais non pour leur vieillissement, car le froid, pas plus que la chaleur, ne veillit le vin, contrairement à une opinion généralement répandue.

Il est vrai qu'on a opposé à cette opinion le goût de cuit indiscutable que prend le vin avec l'effet de la congélation; mais pour nous le goût de cuit ne saurait constituer un vieillissement et c'est là aussi l'opinion du savant directeur de la station œnologique de Bourgogne, M. L. Mathieu (1).

XII. — **Action du froid sur les vins.** —
Si le froid ne vieillit pas le vin, cherchons à établir alors son action principale, qui est certainement une action très favorable au vin.

L'abaissement de température agit sur les matières que le vin tient en suspension, sur la **dissolution** des gaz du vin et enfin sur la dissolution de certains corps solides.

M. Mathieu a insisté sur ce fait que le vin absorbe d'autant plus d'oxygène qu'il est plus

(1). Quelques brevets ont été pris pour vieillir le vin avec le froid, nous signalerons en particulier le B. F. n° 153.754 du 16 février 1883. Compagnie Industrielle des procédés Raoul Pictet : *Perfectionnement dans les moyens pour concentrer, dépouiller et vieillir les vins en évitant les procédés de platrage et de vinage.*

froid. Donc, s'il dissout plus d'oxygène, il a plus de tendance à s'oxyder et cela explique qu'un vin cassable casse plus facilement par un temps froid que par un temps chaud ; cela explique encore qu'il puisse s'oxyder jusqu'à prendre le goût de cuit que nous signalions tout à l'heure.

Tous les auteurs sont d'accord sur la précipitation des matières en suspension dans le vin, sous l'influence du froid, et c'est là encore un fait de l'expérience de chaque jour.

C'est d'abord de VERGNETTE-LAMOTTE qui nous dit « qu'un des merveilleux effets de la congélation est le collage énergique que le froid produit sur le vin en précipitant les matières albuminoïdes qu'il tient en suspension ».

Ce même auteur ajoutait dans une autre occasion : « c'est à notre avis le collage le plus énergique qu'on puisse donner à un vin. » M. MATHIEU a résumé ces divers opinions et il dit : « Un vin pauvre est en équilibre très instable : quantité de substances y sont en sursaturation, le froid amène une modification profonde de l'équilibre, la crème de tartre et d'autres bitartrates se précipitent, divers colloïdes se coagulent ; il en résulte que le vin, rien que par le refroidissement, même sans congélation, éprouve une défécation énergique, une sorte de collage qui le débarrasse de substances coagulables qui ne seraient déposées que longtemps après ».

Le docteur CARLES, une autorité en ces questions,

explique que les matières solides du *raisin* sont plus solubles à la température de fermentation, mais lorsque cette température baisse et au fur et à mesure que l'alcool formé agit sur elle, ces matières se précipitent (1).

Les vins se troublent donc chaque fois qu'ils sont exposés à des températures inférieures à celle de leurs fermentation, parce que le froid précipite l'excès de tartrate, bitartrate de potasse et tartrate de chaux et qu'il entraîne avec lui, grâce aux tanins oxydés, les albuminoïdes, les pectates, certaines combinaisons ferreuses et ferriques qui se trouvent dans un état de pseudo-solution.

Ces substances, en équilibre d'autant plus instable que la température baisse, ternissent la limpidité du liquide et déterminent sur l'organe du goût un sentiment de fadeur et de platitude qui couvre la saveur franche du vin et l'empêche de se manifester.

On estime, dit le docteur CARLES, qu'il faut en moyenne trois hivers, suivis d'autant de soutirages au moins pour effectuer le dépouillement du vin. Mais si le premier hiver était assez rigoureux et surtout assez long pour égaler la durée de trois hivers ordinaires, la date de mise en bouteille pourrait être avancée.

De tout ceci il ressort nettement que le froid ne

____

(1). P. CARLES. *Le vin, le vermouth et le froid.* Feret, éditeur, Bordeaux.

vieillit pas le vin si ce dernier est à l'abri de l'air, mais que le contact de l'air l'oxyde d'autant plus que le vin est plus froid ; qu'il provoque le dépôt de certaines matières en suspension, telle que la matière colorante oxydée, la crème de tartre, les bitartrates ; qu'il coagule les matières azotées et albuminoïdes, que le froid produit un collage énergique. .

Il s'agit donc en somme d'un processus très précieux et apte à rendre de signalés services aux négociants, aussi nous sommes nous efforcés de trouver un processus rendant applicable en tout temps et industriellement la réfrigération des vins. Nous y sommes parvenus et nous avons créé à cet effet un appareil permettant de soumettre les vins à une réfrigération suffisamment énergique pour amener le dépôt des principales substances précipitables.

13. Appareil à réfrigération du vin. —

Cet appareil est figuré schématiquement dans la figure 6.

L'appareil comprend une machine à glace d'un type quelconque — machine à acide sulfureux par exemple — et un certain nombre de colonnes à plateau identiques à celles qui sont utilisées dans le pasteurisateur *Pastor* et figurées en 2, 3 et 4. Le vin et le liquide réfrigérateur circulent en sens inverse dans ces colonnes (fig. 6), et on filtre ce vin encore glacé, et on le ramène à la température ambiante, tout en récupérant l'excès de froid qu'il renferme.

On peut suivre sur la figure la marche du vin, celui-ci aspiré par la pompe à vapeur A dans le

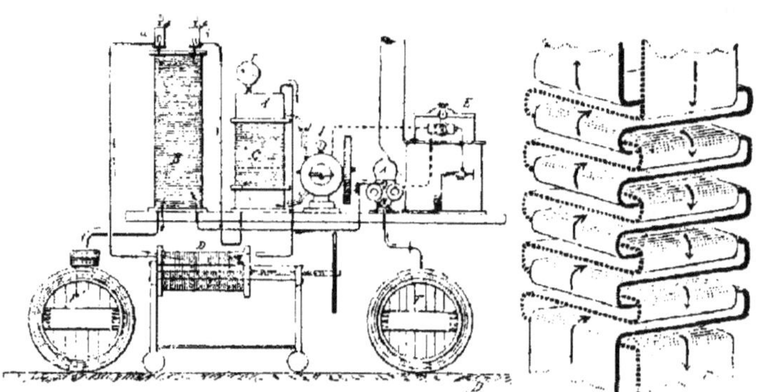

Fig. 6. — Schéma du 'Pastor réfrigérant.   Fig. 7.

fût F et le refoule dans le récupérateur R. Le vin s'élève dans les plaques et arrive dans l'éprouvette B, puis dans le réfrigérant C, où il descend à une température aussi basse que possible sans atteindre le dégré de congélation. Cette température (— 4° environ) est indiquée par le manomètre T. De là, le vin passe dans un filtre D, à pâte de cellulose, puis il rentre dans la partie supérieure du récupérateur et en sort par le bas pour s'écouler dans le fût F.

Dans le réfrigérant circule entre les plaques de vin un liquide incongelable provenant de la machine frigorifique I. Une petite chaudière E, chauffée au coke, fournit la vapeur nécessaire. L'appareil est soigneusement isolé thermiquement au moyen de calorifuges.

Tel est, dans ses grandes lignes, le schéma de l'appareil à froid artificiel que nous avons proposé d'appliquer au vin et qui a déjà rendu de grands services. On voit que le principe est des plus simples et ne diffère du pasteurisateur que par la présence d'une machine à froid à la place d'un girotherme à vapeur.

Grâce à la circulation très active qui existe dans l'appareil, les plaques ne forment pas un dépôt aussi prompt qu'on pourrait le craindre, de tartre et de lie. D'ailleurs, quand les plaques sont pleines, rien n'est plus simple que de les nettoyer, comme on le sait.

Degré du froid à obtenir. — Il ne suffit pas de refroidir les vins, il faut encore savoir à quelle température on peut les réfrigérer ou les congeler ; or, le point de congélation des vins est variable suivant leur degré acoolique et les matières dissoutes.

Ce sujet doit être connu de tous ceux qui s'occupent de traiter les vins par le froid. Nous sommes obligé ici de renvoyer le lecteur aux ouvrages spéciaux sur la cryoscopie qui est, comme on sait, l'étude du point de congélation commençant des dissolutions (1).

(1) Pozzi-Escot. *Traité de physico-chimie*, chap. VI. Ch. Béranger, éditeur, 1905.

13. — **Le vieillissement par l'air**. — Il résulte de l'ensemble des essais qui viennent d'être vus qu'aucun, jusqu'ici, n'a pu donner entière satisfaction.

Si quelques-uns donnent des résultats relatifs, tels que l'agitation, la lumière solaire, le chauffage, la congélation, etc., nous avons vu que cela tient toujours à une oxydation concomitante par l'air.

Or, nous savons que le vieillissement est dû à deux causés principales : l'une d'ordre chimique, l'oxydation ; l'autre, d'ordre physico-chimique, c'est l'éthérification et l'aldolisation.

D'où cette conclusion rationnelle que pour vieillir un vin, il faut non seulement l'oxyder, mais encore favoriser ses éthérifications inertes et ses acétilisations.

Pendant plus de quinze ans, nous avons travaillé dans ce sens, et après avoir perdu des centaines d'hectolitres de vin à des essais infructueux, après avoir fait construire d'innombrables systèmes d'appareils dans l'usine que nous avions installée spécialement à cet effet, nous sommes enfin arrivé à un processus qui, s'il ne réalise pas encore sans doute la solution finale idéale ouvre néanmoins une ère précise de progrès et d'expériences, car, actuellement, les vins les plus fins que le commerce nous confie sortent incontestablement améliorés de notre appareil et sans aucune tare. C'est là un fait qui a été reconnu officiellement par des savants indiscutables.

Examinons un peu notre principe (1). PASTEUR ayant démontré, comme nous l'avons dit, que le vin ne saurait vieillir sans avoir le contact de l'air, il est curieux de constater que personne n'a jamais songé à prendre cet air comme base d'un processus de vieillissement.

On a cherché, comme nous l'avons vu, à vieillir les vins par bien des moyens et à l'aide de bien des produits, mais personne n'avait eu l'idée de les vieillir par l'air malgré les expériences cependant si concluantes de PASTEUR.

Il y avait, il est vrai, un obstacle, c'est que tout le monde ne pouvait opérer en vase clos comme PASTEUR, qui mettait son vin en petits flacons et laissait un espace vide qui, étant plein d'air, fournissait l'oxygène nécessaire à l'oxydation. Il n'était pas pratique de mettre des milliers d'hectolitres dans des flacons à demi-pleins et scellés au chalumeau.

Mais, d'autre part, on savait que, si l'influence de l'air était le facteur principal du vieillissement du vin, on savait aussi que l'air *évente* le vin, lui fait perdre son bouquet. M. BERTHELOT a, en ef-

____

(1) B. F. n° 321.442 du 27 mai 1902. FRANTZ MALVEZIN, *Brevet pour l'amélioration, la conservation et le vieillissement du vin par la combinaison de l'action de la chaleur, du froid et de l'air atmosphérique.*

fet, calculé que le contact prolongé de dix centimètres cubes d'oxygène, c'est-à-dire cinquante centimètres cubes d'air, suffit pour détruire le bouquet d'un litre de vin.

Mettre le vin au contact de l'air était donc scabreux. PASTEUR n'a-t-il pas dit : « Le fait bien connu de l'évent, l'acétification par le contact de l'air, la formation des fleurs par la vidange, sont autant de circonstances qui ont fait admettre que l'air était l'ennemi du vin et qui ont empêché de reconnaître ses bons effets. »

Il fallait cependant avoir recours à l'air atmosphérique, car il est certain que ce n'est pas l'oxygène seul de l'air qui provoque le vieillissement ; la preuve, c'est que par l'oxygène pur on n'arrive pas à le vieillir (1).

MAUMENÉ prétend, en effet, qu'en présence de l'azote de l'air, l'oxygène disparaît très rapidement. La cause, dit-il (2), n'est pas bien difficile à trouver. Le vin renferme des corps oxydables, mais incapables d'absorber de l'oxygène pur. Leur oxydation n'a lieu que lorsqu'elle peut être aidée d'une deuxième action chimique comme celle de l'azote, qui, de son côté, s'unit à leur hydrogène et à leur carbone pour entrer dans leur composition.

---

(1) Notons ici que nous ne sommes pas du tout d'accord avec M. POZZI-ESCOT, qui déclare, dans son ouvrage sur les *Oxydases et les réductases* que « la vérité n'est pas là ». Dunod, éditeur, p. 171 (1902).

(2) MAUMENÉ. *Travail sur le vin.* 2ᵉ vol., p. 436.

L'air renferme encore de l'ammoniaque, de l'argon, une foule de substances connues et inconnues ; les réactions sont complexes, souvent inexpliquées, mais le résultat est le vieillissement que le contact de l'air donne au vin, le vieillissement aimé du consommateur.

Seulement il fallait mettre le vin au contact avec l'air dans les mêmes conditions où PASTEUR l'avait mis dans ses flacons, c'est-à-dire enfermé avec de l'air, mais à l'abri de l'air ambiant, pour éviter la perte des produits volatils. Enfin il fallait activer la dissolution des gaz de l'air dans le vin par la pression, activer l'oxydation par la chaleur, faciliter en même temps les éthérifications et par cela même aider à la formation des acétals odorants.

C'est ce que nous avons résolu en chauffant le vin sous pression et au conctact de l'air, ce que nous obtenons par la pasteurisation du vin, dans lequel nous envoyons, pendant le chauffage, de l'air, de préférence chaud, sous forte pression à l'aide d'une pompe.

La chaleur développe l'oxydation du vin, c'est ce que M. L. MATHIEU disait encore dernièrement en ces termes : « Les oxydations sont d'autant plus actives que la chaleur est plus élevée. » Or nous savons par MAUMENÉ que la chaleur favorise des actions parce que l'éther composé qui peut prendre naissance est plus volatil que l'acide, souvent même que l'alcool.

Nous savons que le temps favorise aussi l'action

des éthers dans les vins, combinaisons des acides du vin avec les alcools, qui donnent aux vins le bouquet, l'arome et le goût.

En faisant ainsi absorber de l'air au vin, nous nous sommes conformés à ce que PASTEUR a ainsi formulé :

Je conclus, a-t-il dit, des changements si con-sidérables de goût et de qualité qui accompa-gnent l'absorption du gaz oxygène de l'air par le vin et les dépôts qui proviennent d'un vieillis-sement prolongé pendant une longue suite d'an-nées dans les conditions ordinaires, et qui dans l'oxydation directe s'effectuent en quelques semaines, je conclus, dis-je, que le vieillisse-ment et le développement des bouquets qu'on y recherche sont également et à peu près exclusi-vement produits par l'oxygène de l'air.

Nous réalisons ainsi les desiderata de PAS-TEUR ; c'est avec de l'air que nous vieillissons, comme dans la nature, mais comme l'avait rêvé PASTEUR, nous produisons non plus en quelques semaines, mais en quelques heures l'action de dix et vingt années de tonneau en activant et l'oxydation et les éthérifications par la chaleur.

Et nous dirons avec PASTEUR, à propos du vieillissement des vins de Château-Châlons, qu'il avait réussi à vieillir avec l'air en développant leur bouquet, que sans doute, pour les très grands vins, vieillis lentement, il peut y avoir des dif-férences imperceptibles, mais *il ne s'agit pas de nuances de goût, mais de ces grands effets de précipitation de matières, de changements de couleur, de développements de bouquets sui generis et de cet ensemble de propriétés qui font dire qu'un vin est parfaitement dépouillé, inaltérable, incapable de déposer encore et d'un âge très avancé. Je le repète, toutes ces modifications si profondes que l'on met dix à vingt ans à obtenir, on peut les déterminer en quelques semaines par l'effet direct de l'oxygène de l'air* (1).

Ce qui était vrai dans les expériences de laboratoire de Pasteur se réalise en grand dans notre procédé. Pas plus que Pasteur, nous n'avons la prétention de mieux faire que la nature, mais nous dirons avec lui : Qu'importe les nuances de goût, si le but est atteint, si, à des nuances près, on arrive à vieillir les vins en les améliorant ?

Avec quelques précautions et en tenant compte de la nature des vins, nous considérons que nous avons résolu le vieillissement des vins, en copiant nos moyens sur ceux de la nature, dont nous hâtons ainsi les résultats, en conformité des vues de Pasteur, dont nous ne faisons en somme qu'appliquer les belles théories et réaliser les prophétiques espérances.

(1) Pasteur. *Etudes sur le vin*, p. 178.

Il nous reste à dire comment nous procédons pour vieillir les vins par l'air.

XIV. **Pasteuroxyfrigorie**. — C'est le nom

Fig. 8. — Vue du Pasteurisateur Pastor sur chariot.

que nous avons donné au nouveau procédé de vieillissement que nous avons imaginé et qui aujourd'hui a fait des preuves en vieillisant dans la Gironde des milliers de tonneaux de vin à l'entière satisfaction des négociants ou propriétaires qui nous avaient confié ce travail.

Nous l'avons appelé *Pasteuroxyfrigorie* pour bien faire souvenir du principe même de notre système, qui comprend une pasteurisation, une oxydation et une réfrigération. Le pasteuroxyfri-

gâteur est l'appareil qui nous permet de réaliser
ce triple traitement d'une façon industrielle.

L'idéal était assurément de prendre le vin en
barriques et d'arriver à le vieillir d'une façon
continue. Nous y sommes arrivés par un dispositif dont nous allons donner le schéma et expli-
quer à grands traits l'économie.

Le vin est tour à tour chauffé, oxydé, gelé et
filtré.

1° *Pasteurisation.* Nous nous servons du pasteurisateur Pastor (fig. 8), dont un schéma a été donné
(figure 2 et 3). On en connaît le principe : il est
composé d'une colonne à plaques creuses dans
lesquelles le vin et le liquide chaud circulent
les uns dans les plaques paires, les autres dans
les plaques impaires ; au sortir de la colonne pas-
teurisante, le vin passe dans une colonne de réfrigération, dite *échangeur*, identique, mais dans
laquelle circule du vin froid au lieu de liquide
chaud, le vin chaud cède sa chaleur au vin
froid qui va le remplacer dans la colonne *pasteuri-
sante*.

2° *Oxydation.* Nous provoquons l'oxydation en
introduisant de l'air atmosphérique en quantité
déterminée à volonté dans la colonne pasteuri-
saute, par une pompe à air. L'air suit le vin de
telle façon que l'air est chaud et en contact avec
le vin chaud, circonstance des plus favorables à
une prompte oxydation sous pression.

C'est cette oxydation qui, par l'air atmosphé-

rique produit le vieillissement du vin par éthérification et acétilisation.

L'air non dissout à chaud se dissout dans le vin
sous l'influence du refroidissement et de la pres-

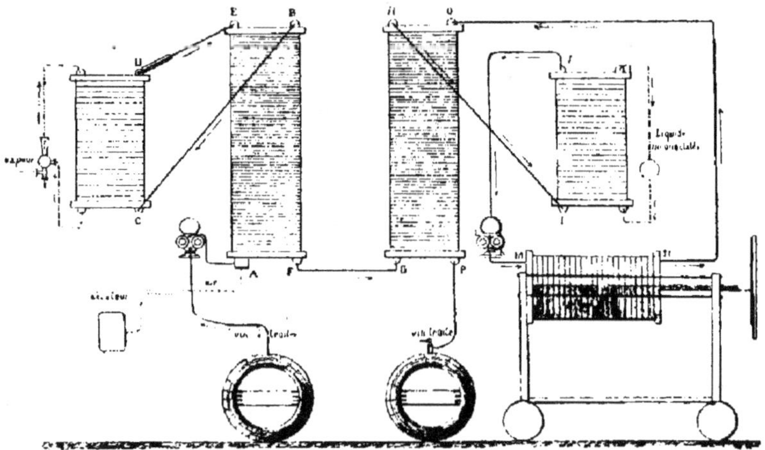

Fig. 9. — Schéma d'un appareil Malvezin pour le
vieillissement artificiel des vins.

sion que nous augmentons quand le vin se refroidit. On arrive ainsi à incorporer non seulement
l'air nécessaire à une oxydation immédiate, indispensable pour faire précipiter les matières colorantes, albuminoïdes et autres, mais encore aux
réactions plus lentes que provoque cet air une
fois le vin dans la bouteille.

3° *Réfrigération*. Le vin, refroidi autant que
possible par un échangeur puissant, est envoyé
dans le réfrigérateur qui est constitué par une
colonne de plaques Pastor ; dans la série paire

circule le vin et dans la série impaire un liquide
réfrigérateur incongelable ; le vin y passe à 4 ou
5 degrés au-dessous de zéro.

4° *Filtration*. Au sortir du réfrigérateur, le vin
passe dans un filtre à pâte de cellulose d'où il
sort limpide et vieilli.

Le vin est pris (fig. 9) dans un fût à l'aide d'une
pompe qui le mène en A dans un récupérateur de
température où il s'échauffe au contact du vin qui
sort, qui lui se refroidit au contact du vin en-
trant. C'est à ce moment que, par la pompe à air,
on provoque l'oxydation du vin qui ressort en B
du récupérateur pour entrer en C dans le caléfacteur où le vin est chauffé à l'aide d'un girotherme presque à température fixée ; à ce moment, l'oxydation par l'air sous pression est
maximum. Du caléfacteur, le vin sort en D pour
aller dans le récupérateur en E, d'où il sort en F
pour aller par le tuyau FG dans le récupérateur
en G.

Le vin, jusqu'ici, a été successivement ré-
chauffé, oxydé, chauffé, comprimé et refroidi.
Dans ce second récupérateur, qui est le récupérateur de froid du réfrigérateur, comme le premier est celui de la chaleur du pasteurisateur,
récupérateur dont nous avions eu l'idée depuis
bien des années, dont nous avions parlé au docteur CARLES qui l'a considéré comme difficilement
praticable dans sa brochure : *Le vin et le froid*,

dans laquelle il nous vise personnellement aux pages 24 et 25.

De ce récupérateur de froid, le vin entre dans le réfrigérateur, sort en H où il se refroidit à plusieurs degrés au-dessous de zéro au désir de l'opérateur. Il sort de ce réfrigérateur en S pour venir en H dans la pompe L qui le renvoie, par le tube M, dans un filtre où il entre en M, abandonne ses matières rendues insolubles par le froid, en sort en N, va dans le recupérateur de froid en O, d'où il sort en P, après avoir abandonné son froid.

Il ne nous appartient pas de juger un procédé qui est de notre invention, mais il nous est bien permis de dire qu'il a pratiquement tenu toutes ses promesses, de l'avis des praticiens et des savants les plus compétents.

DEUXIÈME PARTIE

VIEILLISSEMENT ARTIFICIEL DES EAUX-DE-VIE ET DES SPIRITUEUX

CHAPITRE PREMIER

Vieillissement naturel des eaux-de-vie.

L'eau-de-vie lorsqu'elle sort de l'alambic où le vin a été brûlé, est complètement incolore et a un goût de chaudière spécial qui ne disparaît qu'avec le temps et le vieillissement qui en est la conséquence.

Le vieillissement des eaux-de-vie est une opération longue, mais bien simple quand on laisse agir la nature.

On l'obtient en effet, par le simple séjour de l'eau-de-vie dans des fûts en bois de chêne blanc, généralement des tierçons de 560 litres en moyenne, quelquefois des barriques ordinaires et quelquefois encore des quartauts de 140 litres.

L'eau-de-vie ne vieillit pas dans les bouteilles,

car le phénomène de l'oxydation par la pénétration de l'oxygène de l'air à travers les pores du bois ne peut se produire à travers le verre. Ensuite le bois utilisé pour loger les eaux-de-vie, le chêne blanc du Limousin, contient, d'après le Bordelais FAURÉ, deux substances qui ont une action prépondérante sur le vieillissement de l'eau-de-vie : le *quercitrin*, matière colorante jaune extraite du bois jaune d'Amérique qui donne aux eaux-de-vie ce vieil or jaune ambré, si recherché des consommateurs, et la *quercine*, qui aurait un arôme spécial.

Les réactions chimiques qui se produisent entre l'alcool, les tanins et les acides divers du bois, ne sont pas bien connues, mais elles existent, car ce n'est que dans le bois qu'on peut arriver au vieillissement naturel des eaux-de-vie par le **contact** de l'air.

Pour activer le vieillissement des eaux-de-vie de vin, on prend des fûts de petite contenance qu'on laisse en vidange, débondés, et qu'on place de préférence dans des greniers.

Dans les fûts de petite dimension, le vieillissement est plus actif que dans les fûts de grande dimensions parce qu'il y a plus de surface exposée à l'évaporation, mais aussi le degré alcoolique diminue-t-il beaucoup plus dans les petits que dans les grands fûts. Le tierçon est la contenance reconnue comme celle donnant les résultats d'une bonne moyenne.

Les eaux-de-vie ont ceci d'avantageux sur les vins c'est qu'elles ne contractent aucune maladie et qu'avec elles on ne saurait craindre les interventions microbiennes comme avec le vin. Néanmoins comme avec le vin il faut évidemment savoir éviter les accidents qui peuvent provenir de mauvais goûts dus à des futailles malpropres ou à des manipulations mal comprises ; mais en dehors de ces accidents il n'y a aucun soin particulier à donner à l'eau-de-vie.

Pas besoin d'ouillage, ni même de bonder les fûts, l'eau-de-vie, par la seule action de la nature, une fois enfermé dans son *tierçon* de chêne blanc du Limousin, prend peu à peu et tour à tour cet arôme captivant, rappelant à la fois la vanille, le pruneau et je ne sais quoi, aussi bien dans l'odeur que dans la saveur, qui fait que le véritable dégustateur sait reconnaître entre mille la véritable *Grande Champagne.*

Le vieillissement se traduit :

1° Par une coloration plus ou moins jaune ; par une consommation assez grande due à l'oxydation qui produit une concentration du liquide ; cette consommation est généralement de 25 p. 100 pour vingt ans. Les terpènes que contient, d'après M. ORDONNEAU, l'eau-de-vie seraient également oxydés.

2° Malgré la concentration, il y a diminution du degré alcoolique qui varie suivant la contenance des fûts, comme nous l'avons vu.

3º Par une éthérification des acides existant naturellement dans l'alcool ou qui se forment au cours de son oxydation et par l'acétilisation des aldéhydes. Enfin il faut tenir compte de l'intervention des principes actifs du bois.

Les applications industrielles des procédés de contact sont venus jeter un peu de clarté sur ce processus. De ces expériences sur la formation des aldéhydes et des acétates, TRILLAT a déduit le rôle des pores du bois dans l'acte du vieillissement.

4° Par une augmentation de l'acidité des eaux-de-vie.

M. XAVIER ROCQUES, qui s'est beaucoup occupé de l'analyse des eaux-de-vie, a calculé l'acidité que peut acquérir une eau-de-vie par l'âge, et il a montré qu'on peut arriver à déterminer l'âge d'une eau-de-vie par la seule connaissance de son acidité.

Il ne faut toutefois pas exagérer le séjour d'une eau-de-vie dans les fûts en bois neuf, car bien des fois les eaux-de-vie se *boisent*, c'est-à-dire qu'elles prennent trop le goût de bois ; on les transvase alors dans de vieux fûts ayant déjà contenu de l'eau-de-vie dont ils sont imprégnés.

Le prix des vins qui servent à préparer les eaux-de-vie dans la région de Cognac ou dans l'Armagnac est en moyenne de 25 francs l'hectolitre.

Les frais de fabrication sont de 8 à 7 fr. 50 par hectolitre. La freinte ou perte en eau-de-vie à la distillation est d'environ 3 p. 100. En comprenant l'amortissement du matériel on arrive à un prix de revient de 181 fr. 50. En calculant ensuite le prix de l'évaporation, de l'intérêt de l'argent que représente cet alcool, on arrive à tripler ce prix en dix ou quinze ans. Joints à tous ces frais tous les autres qui incombent au négociant, on comprendra facilement que les eaux-de-vie de Cognac puissent arriver à 2.000 et 2.500 francs l'hectolitre au bout d'un certain âge.

On voit dès lors très nettement tout l'intérêt qu'offre, non seulement au point de vue purement scientifique, mais encore spéculatif, le vieillissement artificiel rapide. Celui-ci offre beaucoup moins de difficulté à réaliser que dans le cas du vin, l'eau-de-vie n'ayant rien de l'excessive instabilité du vin ; aussi est-on arrivé aujourd'hui de divers côtés à des résultats très intéressants.

CHAPITRE III

Le vieillissement artificiel des eaux-de-vie.

Pour les alcools, comme pour le vin, nous allons nous trouver en présence d'un très grand nombre de procédés et de brevets ayant une valeur pratique plus ou moins considérable et ayant reçu des applications plus ou moins heureuses.

Comme pour le vin, on a à peu près tout essayé, l'air, l'oxygène, l'ozone, le chaud et le froid ; la distillation dans le vide, ce que M. Barbet a appelé la pasteurisation, une foule de produits oxydants, des substances à propriétés particulières dites catalysantes, l'action de l'électricité.

Nous ne considérerons pas le procédé de notre distingué confrère, M. Barbet (1), connu sous le nom de pasteurisation, car il n'y a pas là un procédé de vieillissement à proprement parler, mais

____

(1) Barbet. B. F. n° 264.686 du 5 mars 1897. *Nouveau procédé de fabrication et de vieillissement des eaux-de-vie et rhums.*

une épuration physique qui améliore très réellement les alcools industriels.

Vieillissement par l'air ou l'oxygène à froid. — L'air à froid et l'oxygène ont été utilisés de diverses manières pour obtenir le vieillissement des alcools.

Suivant un procédé très simple, on dispose dans des

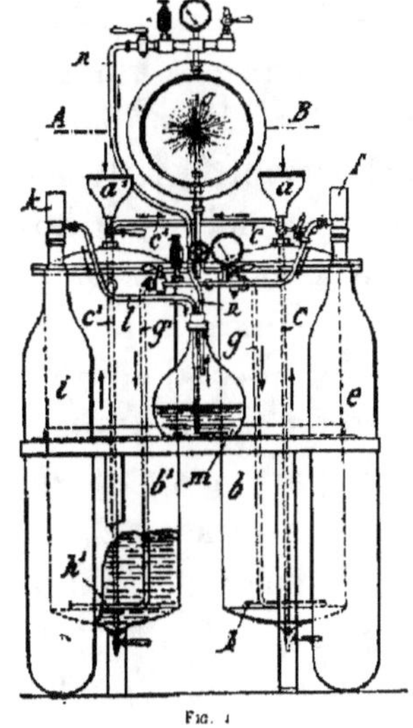

Fig. 10. — Vue de face de l'appareil William St-Martin.

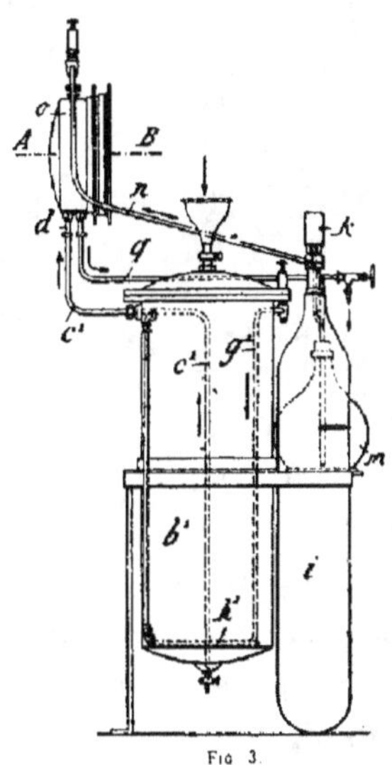

Fig. 11. — Vue en coupe de l'appareil William St-Martin.

foudres des agitateurs à palettes qui sont actionnés au bras, soit par des manèges ou par tout autre moteur et qui brassent l'alcool au contact de l'atmosphère du tonneau à moitié plein de liquide. Il existe, dit-on, à Cognac, des maisons possédant de véritables installations mécaniques manœuvrant ainsi.

L'un des plus intéressants appareils utilisant l'oxygène à froid pour provoquer le vieillissement des alcools est celui de M. WILLIAM SAINT-MARTIN. Cet auteur a pris quelques brevets en France à ce sujet ; son appareil le plus perfectionné est dans son brevet de 1902 (1). Cet appareil (fig. 10 et 11) permet de pulvériser l'eau-de-vie à vieillir ou bonifier dans un espace clos plein d'oxygène comprimé ; la pulvérisation est obtenue à l'aide de deux jets liquides arrivant sous forte pression en face l'un de l'autre et qui se brisent et se divisent de la sorte à l'infini (fig. 12).

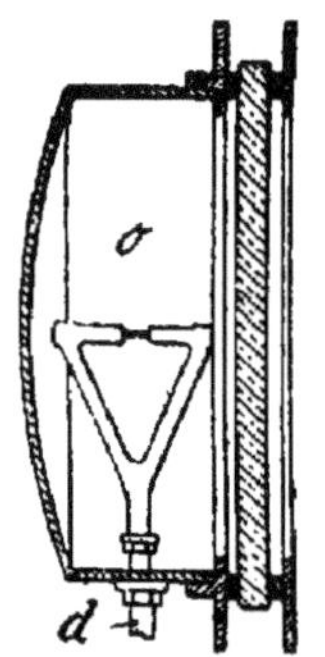

Fig. 12. — Pulvérisateur de l'appareil William St-Martin.

Il n'est pas nécessaire, croyons-nous, d'entrer dans la description de cet appareil, car le vieillissement qu'il produit est insignifiant. Ce procédé est utilisé pour l'obtention des fameuses liqueurs « oxygénées » qu'on trouve dans les cafés à la mode.

Vieillissement par l'ozone. — M. DE LA COUX a consacré un intéressant chapitre à ce sujet dans son volume sur l'ozone. Malheureusement, cet auteur n'est pas un expérimentateur et il loue ce que les autres ont loué, sans pouvoir émettre aucun jugement critique ; un livre ainsi compris ne saurait rendre beaucoup de services !

Suivant cet auteur : « Pour vieillir les alcools et eaux-de-vie par l'oxygène ozoné, il suffit de faire passer un courant d'ozone pendant un temps plus ou moins long, suivant l'alcool à traiter et la richesse du gaz en ozone, puis de soutirer et de filtrer après un repos de deux mois environ, pour obtenir la séparation des matières résinifiées ».

De nombreux brevets ont été pris dans cette voie, d'abord par VILLON lui-même, qui se servait d'une colonne à plateaux, puis par BROYER, PETIT et TREILLARD, de Cognac, qui ont fait breveter leur procédé en 1886 et qui en obtiendraient de bons résultats.

Dans ce procédé, l'ozone est préparé par l'appareil HOUZEAU, modifié par les inventeurs, tout au moins tel était le dispositif du début. Il est très probable qu'actuellement on utilise les nouveaux systèmes d'ozoneurs rotatifs, système OTTO et autres, beaucoup plus pratiques que l'appareil HOUZEAU.

Quoi qu'il en soit, l'oxygène, après avoir été ozonisé est envoyé dans les foudres à alcool, ceux-ci sont en bois et hermétiquement clos.

L'ozone amené par un tube en verre dans le premier foudre et à sa partie inférieure, barbotte dans l'alcool, remplit sa fonction oxydante et, par un dispositif convenable, est amené à traverser successivement toute une série de foudres.

A la sortie du deuxième foudre, l'oxygène ozoné, qui a dû perdre tout son ozone, passe dans un flacon laveur qui a pour mission de retenir les vapeurs alcooliques dont il s'est saturé, de là il est dirigé dans une allonge desséchante où il se dépouille de son humidité au contact du chlorure de calcium ; une fois sec, on le dirige vers un second ozoniseur, et l'ozone formé est dirigé dans une suite de nouveaux foudres et les appareils acccessoires, et de là se rend à un gazomètre, d'où il est repris par une pompe et recommence un nouveau cycle d'opérations.

L'installation des ozoniseurs est donc au moins double ; une opération dure plusieurs heures. On ne possède, du reste, que des renseignements incomplets sur ce procédé, tenu assez secret.

On trouve un grand nombre de brevets pour l'application de l'ozone au vieillissement des alcools ; ces procédés n'offrent entre eux que des différences de dispositif du système qui amène en contact l'ozone ou l'air ozoné et l'alcool (1). Pour notre part, nous n'avons jamais pu arriver à vieillir convenablement par ce procédé, que nous

(1) Signalons, parmi les procédés brevetés, outre ceux dont il est question dans le corps du volume : CALMANT. B. F. n° 242.916 du 16 mars 1894 ; — un autre brevet du même n° 242.912 du 17 novembre 1894. — HATHOWAY. B. F. n° 270.927 du 30 sept. 1897.

avons été des premiers, avec Villon, à mettre
en œuvre.

Oxydation par l'eau oxygénée. — Villon,
en collaboration avec nous, a appliqué l'eau oxygénée au vieillissement et n'en a pas obtenu de
résultats satisfaisants. Pozzi-Escot, au contraire,
aurait obtenu des résultats très remarquables
dans cette voie. Il suffit, dit-il, d'ajouter environ
100 centimètres cubes d'eau oxygénée de Merck
à un hectolitre d'alcool à 55 degrés en même
temps qu'une trace d'un agent catalysateur, que
le bois du fût peut remplacer à la rigueur pour
obtenir en quelques mois un vieillissement notable
qui, autrement, aurait demandé plusieurs années
à se manifester (B. F. nº 270.877). Il faut rapprocher de ce procédé un brevet récent de Verbiesse
et Darrasse (B. F. nº 336.745), qui proposent de
vieillir et d'épurer les alcools en les faisant
passer sur des peroxydes alcalino-terreux.

Vieillissement par la chaleur. — L'oxydation des eaux-de-vie est activée par la chaleur,
et c'est pour cette raison qu'on met de préférence
les jeunes eaux-de-vie dans les greniers.

Une grande maison, les frères Godard, utili-
saient autrefois le moyen suivant — qui est le plus
simple — pour vieillir leurs alcools. Ils logeaient
leur cognac dans de petits fûts en chêne du Limousin, d'une contenance de 25 litres, et les fûts

étaient mis dans un four préalablement chauffé comme pour la cuite du pain.

Nous avons dit un mot du procédé de M. BARBET. Celui-ci connaissant les résultats que donne la chaleur sur une eau-de-vie nouvelle, a construit des alambics à colonne pour la pasteurisation des eaux-de-vie et rhums. Ce procédé donne plus exactement du moelleux qu'un vieillissement véritable.

Vieillissement par distillation dans le vide. — On a prétendu que la finesse spéciale donnée aux eaux-de vie par la distillation dans le vide équivalait au vieillissement, aussi allons-nous en dire quelques mots.

La distillation du vin à chaud demande une certaine température pour en extraire l'alcool, qui est celle de l'ébullition du vin et qui se produit à la pression atmosphérique moyenne vers 79°.

On a cherché à distiller à une basse température en opérant la distillation dans le vide, l'on peut même distiller sans feu à condition de faire un vide suffisant. Il est absolument certain, ainsi que nous vons pu nous en rendre compte, qu'on obtient de la sorte d'excellents résultats au point de vue de la finesse.

MAUMENÉ, qui nous avait entretenu en 1895 personnellement de cette question, en a indiqué les avantages dans son *Traité théorique et pratique du travail des vins*. M. GARRIGOU, de Toulouse, s'est également occupé de cette question et soutient qu'on obtient de la sorte des eaux-de-vie remarquables. La question est d'autant plus intéressante que les brûleurs des Charentes soutiennent que le feu est nécessaire pour donner ce goût particulier de cuit, sans lequel les dégustateurs charentais ne veulent pas admettre la véritable fine champagne.

Le docteur GARRIGOU a imaginé un système de distillation dans le vide que nous avons décrit ailleurs ; nous n'y insisterons pas ici, car la distillation dans le vide, si elle donne des produits d'une finesse et d'un moelleux plus grands, ne saurait donner l'illusion du vieillissement naturel.

Procédé Villon et F. Malvezin. — Le procédé que nous avons imaginé avec VILLON et qui a fait l'objet d'un brevet d'invention, consistait à metttre l'eau-de-vie en contact avec de l'oxygène pur et à chauffer le tout. Ce procédé n'a pas donné les bons résultats que nous en avions attendus et nous avons dû l'abandonner.

Nouveau procédé F. Malvezin. — Nous ne décrirons pas notre appareil spécial, car il diffère très peu de celui utilisé pour vieillir le vin. Nous pouvons résumer l'ensemble de ce processus en disant que nous appliquons aux alcools purs le procédé qui, sous le nom de *pasteuroxyfrigorie*, nous a donné des résultats satisfaisants pour le vin.

Procédé Pozzi-Escot (1). — Le procédé de M. Pozzi-Escot est fort intéressant et nous som-

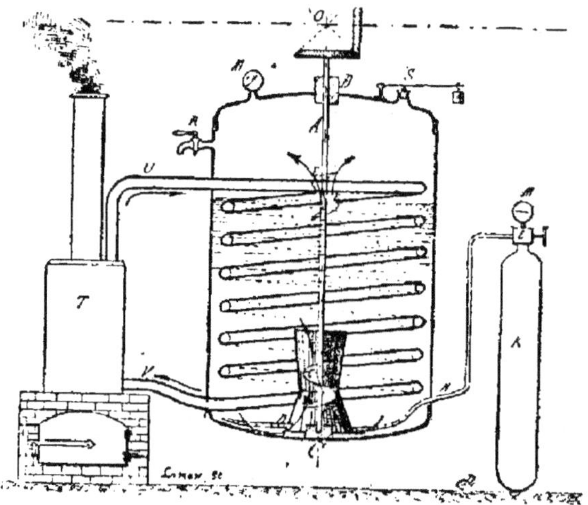

Fig. 13. — Appareil Villon-Malvezin pour le vieillissement des alcools par l'oxygène sous pression à chaud.

mes heureux d'en donner une description complète d'après la communication faite par l'auteur lui-même au Congrès international de la distillerie, en 1905. Nous devons néanmoins ajouter que

(1) Pozzi-Escot, Marius-Emmanuel. B. F., n°354.747, du 29 mai 1905 : *Procédé et appareils perfectionnés pour l'oxydation et l'éthérification des liquides oléagineux ou alcooliques principalement applicables au vieillissement artificiel des vins et des spiritueux.*

nous ne connaissons pas personnellement la valeur industrielle de ce procédé. Voici comment s'exprime l'auteur : « Dans tous les procédés proposés jusqu'ici se trouve une lacune que j'ai déjà signalée. Les auteurs, en effet, se sont contentés de considérer le vieillissement comme une simple oxydation ; ce n'est là, au contraire, qu'une première phase de ce délicat processus et il peut même être essentiel pour la finesse du bouquet que les produits de ce premier processus ne subsistent pas. Si notamment l'oxydation a introduit trop d'aldéhydes, il faut nécessairement faire disparaître ceux-ci ; le temps, il est vrai, s'en charge par polymérisation, mais c'est allonger le processus dans des limites inconnues, car ce processus de résinification est très lent aux conditions normales de température.

« Le procédé de vieillissement que j'ai fait conconaître récemment et dont je vais essayer de vous dire quelques mots avec impartialité, se distingue de ses devanciers en ce sens, que j'ai été le premier à mettre à profit, pour l'obtention du vieillissement artificiel, les popules oxydantes et activantes des substances catalytiques.

On connaît les intéressantes propriétés de ces substances au point de vue de l'affinité chimique qu'elles excitent dans les vins les plus divers ; appellerai-je vos souvenirs sur le grand nombre de produits du domaine de la grande industrie chimique qu'elle réussit à préparer ? L'introduction des substances de contact dans l'industrie de l'acide sulfurique a complètement bouleversé cette fabrication qui paraissait cependant ne devoir plus subir que des perfectionnements insignifiants et de détail ; on est à la veille de voir plusieurs autres industries, assises également sur des bases aussi stables que ne l'était l'industrie de l'acide des chambres de plomb modifier du tout au tout leur fabrication et dans notre domaine plus spécial, il faut signaler la préparation industrielle de l'aldéhyde formique par les procédés de Lœw et de Trillat. C'est en recherchant un procedé de préparation économique des huiles siccatives dans lesquels j'expérimentais l'influence des substances catalysantes sur la marche de ces processus que j'eus l'idée de les appliquer au vieillissement des alcools et des spiritueux.

On connaissait déjà le mode d'agir de ces substances vis-à-vis des alcools ; c'est à peine s'il est besoin de vous rappeler les intéressantes recherches de MM. Oscar Lœw et Trillat sur ce sujet, pas plus que celles plus récentes de MM. Sabatier et Sanderens. Nous devons notamment à notre distingué collègue, M. Trillat, une série de très intéressantes recherches sur ce sujet.

On peut, jusqu'à un certain point considérer comme des embryons de tentatives de vieillissement par les substances, quoique certainement le mode d'agir de ces processus n'ait pas été mis en évidence, un certain nombre de procédés brévetés. Minières (B. F. n° 71.779), recommande d'ajouter du charbon de bois en morceaux dans les barils où on vieillit l'alcool; d'Aulxerre (B. F. n° 76.984) ajoute dans les mêmes conditions des vrillons de chêne; Crawford (B. F. n° 175.127), ajoute des morceaux de bois quelconque; Hasbrouck (B. F. n° 202.999), utilise des fûts carbonisés à l'intérieur, sans se douter que cette mince couche de charbon, outre son rôle épurateur, joue aussi un rôle oxydant actif; M. Bichaux (B. F. n° 217.241) utilise des copeaux; Sinibaldi (B. F. n° 267.534), chauffe l'alcool avec des copeaux. Ces auteurs croyaient, les uns purifier l'alcool par l'action du charbon, les autres dissoudre certains éléments de bois qui sont plus ou moins essentiels à l'arome de l'alcool vieux; mais il est hors de doute qu'à côté de cette action intervenait une action catalytique d'une énergie inaperçue. Mais il faut le dire immédiatement, les précédents procédés n'ont qu'une action fort lente sur la marche du vieillissement. Dans mon procédé, je suis arrivé, grâce à une application judicieuse des substances catalytiques, à établir un procédé de vieillissement à la fois économique et pratique.

Ce procédé consiste essentiellement à faire passer les liquides alcooliques sur des substances à propriétés catalytiques appropriées, maintenues à une température convenable en présence ou en l'absence de l'air ou de l'oxygène ou même de cer-

tains agents oxydants particuliers, tels que l'eau
oxygénée, l'ozone, etc. C'est ainsi qu'est réalisée

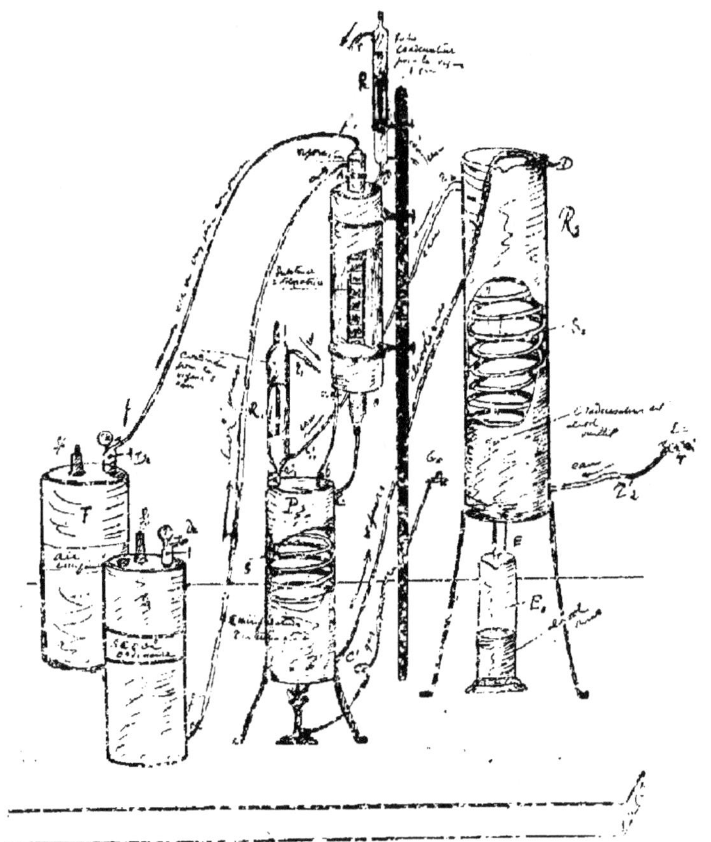

Fig. 14. — Appareil Pozzi-Escot de laboratoire.

la phase d'oxydation du processus du vieillissement.

Le liquide alcoolique oxygéné est dirigé ensuite

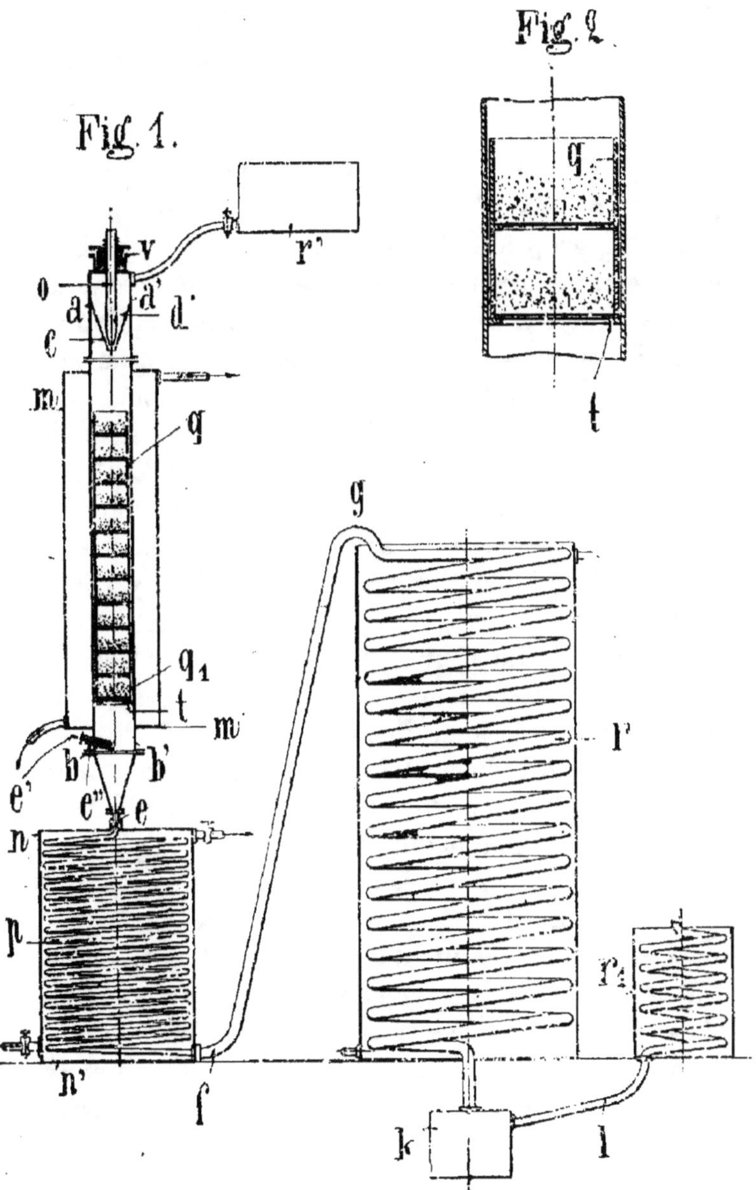

Fig. 15. — Schéma d'un appareil industriel Pozzi-Escot.

dans un dispositif convenable où il est chauffé, généralement sous pression et pendant un temps suffisant, à une température déterminée, afin de provoquer la réalisation de la phase d'éthérification et d'acétalisation. La substance catalytique peut être constituée par toutes sortes de substances à propriétés catalysantes ; de ce nombre sont certains oxydes métalliques, les métaux sous forme de treillage ou de toile ; certains alliages considérés sous forme de copeaux, de rognures, des planures de toile ; l'amiante et la ponce métallisées, platinées, irridiées, palladiées ; les terres poreuses, le charbon de bois, le coke ; ces substances étant maintenues à froid ou à chaud et à température variable suivant l'effet à obtenir et suivant des dispositifs également variables..

Afin de bien fixer vos idées à ce sujet et de rendre aussi claire que possible la description de ce procédé, vous trouverez figure 15 un schéma descriptif de l'appareil théorique. La figure 14 représente le dispositif que j'ai utilisé pour mes recherches de laboratoire.

L'appareil comporte un oxydateur catalysateur $a\ b\ a'\ b'$ et un pasteurisateur éthérificateur p' ; il est complété par un système réfrigérant r. Le produit à oxyder qui, dans le cas présent, est de l'alcool à vieillir, arrive sous pression convenable du récipient supérieur r dans une chambre d qui surmonte l'oxydateur-catalysateur ; ce liquide s'écoule par le vaporisateur c dans l'oxydateur-

catalysateur proprement dit, sous l'influence de
sa propre pression ou d'un violent courant d'air
ou d'oxygène à une pression convenable. L'alcool
presque gazéifié ou totalement gazéifié suivant la
température à laquelle on maintient l'oxydateur-
catalysateur arrive en $b\,b'$ mélangé avec un excès
de gaz et pénètre en e dans le pasteurisateur
éthérificateur; il en sort en f sous forme de vapeurs et il est dirigé par le tube $f\,g$ dans un réfrigérant où l'alcool se condense et se réunit en K.
Les gaz en excès s'échappent par le conduit l
et jouent dans un second réfrigérateur r, main-
tenu à basse température par un mélange réfrigérant et destiné à retenir les dernières traces d'alcool. La marche générale de l'appareil ayant été
ainsi décrite il est nécessaire d'insister un peu
sur sa construction générale.

L'oxydateur-catalysateur $aa'\;bb'$ est constitué
par un tube métallique généralement disposé ver-
ticalement et muni à sa partie supérieure d'un
vaporisateur c; ce vaporisateur peut être de forme et de disposition absolument quelconque; on
peut donc adopter l'un quelconque des systèmes
connus et appliqués industriellement; il devra
cependant être combiné avec un entraînement possible d'air ou d'oxygène, que celui-ci soit introduit par pression ou simplement aspiré. Il n'y a
pas lieu d'insister sur le dispositif adopté de la
figure et qui n'a aucune impression.

Au-dessous du vaporisateur se trouve disposée

la substance catalysatrice. Lorsqu'il s'agit des métaux en fils, rubans, lames de bois de ponce ou d'amiante platinées au métallisées (notamment d'amiante platinée qui donne d'excellents résultats), on dispose la substance catalysatrice dans de petits paniers métalliques q, dont le détail est donné à part de la figure 5 (ou fig. 2). Le premier de ces paniers q_1, repose au bord du tube sur un taquet t et les autres paniers s'empilent successivement sur celui-ci ; chaque panier est constitué par une partie cylindrique en métal s'ajustant à frottement doux sur les parois du tube et dont le fond est formé soit d'une toile métallique, soit par une lame métallique et perforée. Ces paniers peuvent être nickelés ou étamés. Ils sont en nombre variable suivant l'effet qu'on veut obtenir. Dans chacun d'eux, on introduit une certaine quantité de substances catalysantes. Ce dispositif a pour objet de faciliter le nettoyage de la substance catalysante, lorsque celle-ci offre une certaine valeur et d'empêcher son tassement.

Lorsqu'on utilise des catalyseurs se présentant sous forme de toiles métalliques, et l'on peut utiliser avec grand succès une toile de cuivre légèrement oxydée, on enroule celle-ci en un tourillon un peu lâche d'un diamètre un peu plus faible que celui du tube oxydateur catalyseur et on introduit ce tourillon dans l'appareil de façon qu'il soit soutenu par les taquets de repos t.

De même lorsqu'on utilise des substances cata-
lysatrices de peu de valeur, telles que le charbon
de bois, le coke, les métaux ordinaires en rognures ou en planures ; la porcelaine ou la terre po-
reuse en morceaux, etc ; on dispose en t une grille
métallique sur laquelle on entasse ces matières
catalysantes.

Enfin, on peut encore utiliser des poussières ou
des poudres métalliques. Dans ce cas, on dispose
le tube horizontalement ou très légèrement in-
cliné et on y étend la poudre à l'aide d'une ra-
cloire convenable. Le tube oxydateur catalysateur
ainsi constitué ou disposé dans un manchon m m'
dans lesquels on peut faire passer soit de l'eau,
soit de la vapeur, soit un gaz chaud quelconque.
Ce dispositif permet de maintenir le tube oxydateur catalysateur à une température quelconque
déterminée et favorable au résultat à obtenir. Il
faut toutefois prendre de grandes précautions à
cet égard et ne pas chauffer trop fort en présence
d'un excès d'air pour ne pas forcer l'oxydation,
faire trop d'aldéhydes et d'acides et ensuite pour
éviter les risques possibles d'explosion de mélange d'air et de vapeurs alcooliques qui pourrait
survenir au-delà du 200°.

A son extrémité inférieure bb' le tube oxydant
catalysateur se termine par un ajutage en rela-
tion avec l'éthérificateur pasteurisateur. Cet appareil est constitué par un long serpentin métallique p de faible diamètre enfermé dans une caisse

de vapeur *nn'*. Sous l'influence d'une température élevée, les éthérifications et les acétaldisations sont favorisées et il y a résinification de l'excès des adléhydes. Le serpentin doit être assez long et d'assez faible diamètre pour que l'alcool reste quelques moments à le parcourir et sous pression.

Au sortir de cet éthérificateur, l'alcool est dirigé vers un serpentin réfrigérant d'assez gros diamètre, de façon à provoquer une détente qui favorise la condensation. Le serpentin 2 est contenu dans une cuve à eau. Il n'a pas besoin d'être décrit autrement, car son fonctionnement s'effectue simplement comme dans tout les cas analogues.

On pourrait remplacer cet éthérificateur et ce réfrigérant tubulaire par des éthérificateurs et réfrigérants à plaques, en adoptant un système analogue à celui en usage dans le pasteurisateur Pastor de MALVEZIN, dont je vous ai précédemment indiqué le détail. Cette modification n'étant indiquée ici que pour bien mettre en évidence que le système de réfrigérant ou d'éthérificateur adopté n'est pas rigoureusement spécifique.

Le débit de cet appareil est naturellement très variable suivant les résultats qu'on veut obtenir et suivant les conditions de marche normale adoptées. Ainsi, un oxydateur catalysateur de 10 centimètres de diamètre et de 60 centimètres de largeur, renfermant de 400 à 500 grammes d'amiante platinée de bonne qualité peut, à 25–30°, vieillir plus de deux hectolitres d'alcool à l'heure. On prend naturellement de l'alcool ayant environ 20° centigrade. Lorsqu'on opère à une température plus élevée, on peut accroître beaucoup la vitesse de l'alcool.

Lorsqu'on opère le vieillissement d'un liquide alcoolique de forte teneur en alcool, il est nécessaire de conserver au catalysateur-oxydateur de faibles dimensions, afin de pouvoir en régler facilement la température intérieure, ce qui constitue l'un des points fondamentaux du procédé. Il pourrait arriver, s'il n'en était pas ainsi, qu'il se produise un échauffement local susceptible d'entraîner une oxydation trop accentuée, voire même, peut-être, l'inflammation du mélange.

L'appareil précédent peut être utilisé pour produire des alcools oxygénés tels que ceux que l'on obtient avec l'appareil WILLIAM-SAINT-MARTIN, que nous avons vu.

SEL VITALOS

A base d'acides formique et phosphorique
Brevets du Professeur POZZI

Le plus puissant des régénérateurs connus

VENTE EN GROS ET EN DÉTAIL

Gabriel Cator, pharmacien de première classe
Bordeaux (Gironde)

EXPon UNIVlle PARIS 1900 — 2 GRANDS PRIX
NOUVEAUX APPAREILS
DE
DISTILLATION
des VINS
Système GUILLAUME
Du 1er jet — Alcool rectifié jusqu'à 96-97 o/o.
FIXES ou SUR ROUES (Haut. totale 3m30)
Traitant jusqu'à 300 hectos de Vin.
ÉGROT
ÉGROT, GRANGÉ & Cie
23, Rue Mathis, 23
PARIS
Catalogue Franco.

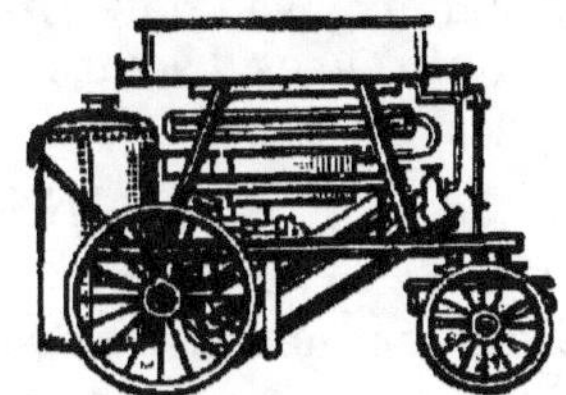

EXPOSIT. UNIV. GRAND PRIX 1900
ALAMBIC EGROT
A BASCULE
Eau-de-Vie 1er jet, SANS REPASSE
Franco gratis { Catalog. et Guide du Distillateur
avec la Nouvelle Loi.
Egrot, Grangé & Cie, 19-23, Rue Mathis, PARIS

EXPon UNIVlle PARIS 1900 — 2 GRANDS PRIX
PASTEURISATEURS
RÉFRIGÉRANTS
ÉTUVEUSES à vapeur
pour Futailles.
ÉGOUTTOIRS à vendanges,
Syst. ANDRIEU
ÉGROT, GRANGÉ & Cie 19,21,23, Rue Mathis, PARIS
CATALOGUE FRANCO.

IMPRIMERIE F. DEVERDUN, BUZANÇAIS (INDRE)